TEP

Temes d'Ergonomia i Prevenció
Temas de Ergonomía y Prevención
1

Ergonomía 1
Fundamentos

Pedro R. Mondelo
Enrique Gregori Torada
Pedro Barrau Bombardó

UPC Edicions UPC
UNIVERSITAT POLITÈCNICA DE CATALUNYA

Mutua Universal

Primera edición (Aula Teòrica): septiembre de 1994
Segunda edición (Aula Teòrica): febrero de 1995
Primera edición (Aula Politècnica): septiembre de 1999
Primera edición (TEP): marzo de 2001
Reimpresión: mayo de 2010

Diseño de la cubierta: Edicions UPC

©   Autores, 1994
©   Mutua Universal, 1994

©   Edicions UPC, 1994
      Edicions de la Universitat Politècnica de Catalunya, SL
      Jordi Girona Salgado 31, Edifici Torre Girona, D-203, 08034 Barcelona
      Tel.: 934 015 885   Fax: 934 054 101
      Edicions Virtuals: www.edicionsupc.es
      E-mail: edicions-upc@upc.edu

Producción: LIGHTNING SOURCE

Depósito legal: B-4158-2005
ISBN: 978-84-8301-481-3
ISBN (obra completa): 978-84-8301-484-4

La ergonomía en los últimos años ha suscitado el interés de un gran número de especialistas de todas las ramas de la ciencia: ingeniería, medicina, psicología, sociología, arquitectura, diseño, etc…

La aplicación científica de los conocimientos que aporta se ha revelado como un elemento importante para la reducción de accidentes y de lesiones, en el incremento de la productividad y de la calidad de vida, motivo por el cual Mutua Universal pionera en la búsqueda de soluciones que ayuden a reducir las posibilidades de accidentes y las enfermedades profesionales mediante la mejora sistemática de las *condiciones de trabajo*, ha estimado imprescindible poner al alcance de todos los interesados este libro, que pretende ser un primer acercamiento al extenso campo que cubre esta ciencia aplicada.

A través de ocho capítulos –"Metodología", "Relaciones informativas y de control", "Relaciones dimensionales", "Ambiente térmico", "Ambiente acústico", "Visión e iluminación", "Capacidad de trabajo físico y gasto energético" y "Carga mental"– se ofrece una visión, si bien incompleta por la propia naturaleza compleja de la ergonomía, lo suficientemente ágil y profunda para los lectores que se enfrentan por primera vez a esta hermosa disciplina.

Los autores, con más de una década de experiencia en la docencia universitaria, en la experimentación y en la aplicación de la ergonomía, han intentado sintetizar su *saber hacer* y ofrecerlo en forma de resumen a todas aquellas personas que decidan dedicar su futuro profesional a esta disciplina, como también a aquellas otras que la utilizan como herramienta auxiliar.

Como conclusión les diré que espero que la lectura de este libro les sirva para aportar su esfuerzo en mejorar la calidad de vida de esta sociedad.

Juan Aicart Manzanares
Director Gerente
Mutua Universal

Índice

3   Relaciones dimensionales

8   Carga mental

1 Introducción

Definición, alcance y aplicación

El análisis de los servicios, productos, herramientas, máquinas y el comportamiento de éstos durante su utilización; las prestaciones reales que podemos alcanzar con referencia a las características teóricas, y el análisis exhaustivo de las capacidades y limitaciones de las personas, han desembocado en los planteamientos de los sistemas persona-máquina (P-M), premisa básica para que la ergonomía comenzara a desarrollarse.

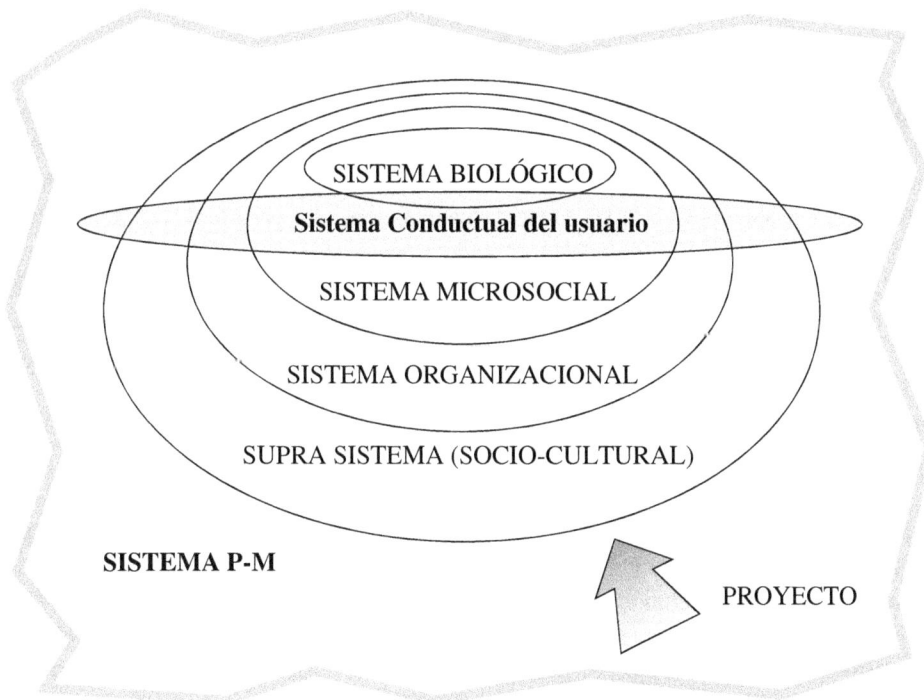

Fig. 1.1 Sistema P-M. Cualquier proyecto que la persona realice está condicionado por un conjunto de sistemas interactuantes, cada uno de los cuales se rige por leyes específicas y, en algunos casos, antagónicas.

El análisis sistémico de las interacciones P-M es definido por (Fitts, 1958) como "conjunto de elementos comprometidos en la consecución de uno o varios fines comunes". Se podría considerar el sistema P-M como un conjunto de elementos que establecen una comunicación bidireccional, que avanza en el tiempo siguiendo una serie de reglas, con el objetivo de obtener unas metas determinadas, y cuyo rendimiento no es producto de cada elemento aislado, sino del monto total de las interacciones de todos los elementos intervinientes (Fig. 1.1).

Diferentes autores han profundizado en el concepto de sistema, pero tal vez sean Kennedy (1962), McCormick (1964), y Montmollin (1967) los que, al considerar el sistema P-M como un todo, han aportado una visión del sistema como interacción comunicativa marcada por la obtención de unos objetivos previa programación operativa de las acciones que deben ejercitar las personas, haciendo hincapié en los límites a que está sometido el sistema debido, sobre todo, a la persona.

La ergonomía plantea la recuperación, para el análisis del subsistema máquina, de las limitaciones perceptivas, motrices, de capacidad decisional, y de respuesta que le impone la persona, y las limitaciones que suponen para el potencial de acciones humanas las características –prestaciones físicas y/o tecnológicas– que aporta la máquina.

El interés de la ergonomía se centra en optimizar las respuestas del sistema P-M, previendo el grado de fiabilidad que podemos esperar de las relaciones sinérgicas que se generarán en los múltiples subsistemas que integran en el Sistema P-M y que repercuten en los resultados.

Personas, máquinas, sistemas

El análisis de los primeros útiles que el hombre construyó nos muestra unas flechas, hachas, arcos, etc... en los cuales estaban presentes las capacidades humanas y las características de los materiales. Las variables eran: materiales (hueso, piedra, madera, hierro..), capacidades y limitaciones de las personas (dimensiones de los dedos, de la mano, longitud del brazo...), efecto buscado (precisión, alcance, movilidad, fuerza...), las cuales son fácilmente identificables en los restos arqueológicos hallados.

Desde la antigüedad los científicos han estudiado el trabajo para reducir su penosidad y/o para mejorar el rendimiento.

Leonardo da Vinci, en sus *Cuadernos de Anatomía* (1498), investiga sobre los movimientos de los segmentos corporales, de tal manera que se puede considerar el precursor directo de la moderna biomecánica; los análisis de Durero recogidos en *El arte de la medida* (1512) sobre estudios de movimientos y la ley de proporciones sirvió de inicio a la moderna antropometría; Lavoisier, como estudioso del gasto energético es precursor de los análisis del coste del trabajo muscular; Coulomb analiza los ritmos de trabajo para definir la carga de trabajo óptima, Chauveau plantea las primeras leyes de gasto energético en el trabajo, y Marey pone a punto rudimentarias técnicas de medición.

Juan de Dios Huarte, en *Examen de Ingenios* (1575), busca la adecuación de las profesiones a las posibilidades de las personas.

Ramazzini publica en el siglo XVII el primer libro donde se describen las enfermedades relacionadas con el trabajo: afecciones oculares que padecían los trabajadores que intervenían en la fabricación de pequeños objetos; también realiza estudios muy interesantes sobre la sordera de los caldereros de Venecia.

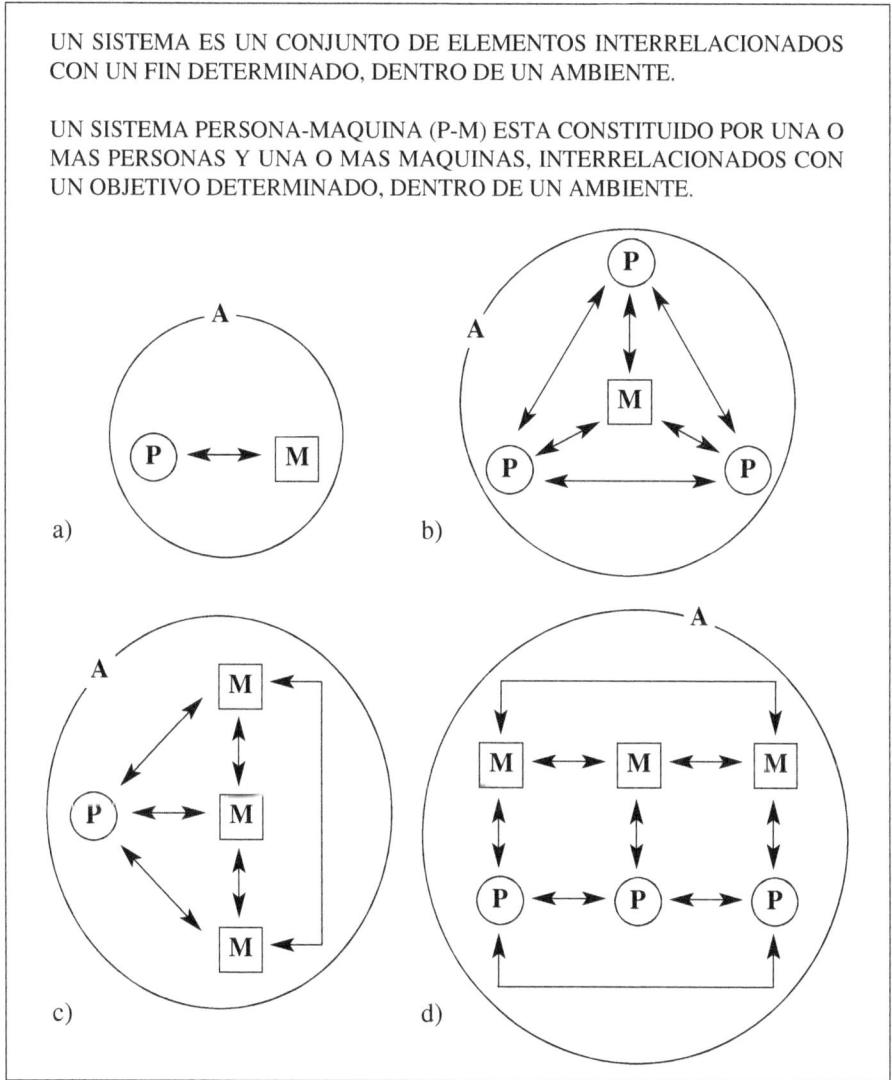

UN SISTEMA ES UN CONJUNTO DE ELEMENTOS INTERRELACIONADOS CON UN FIN DETERMINADO, DENTRO DE UN AMBIENTE.

UN SISTEMA PERSONA-MAQUINA (P-M) ESTA CONSTITUIDO POR UNA O MAS PERSONAS Y UNA O MAS MAQUINAS, INTERRELACIONADOS CON UN OBJETIVO DETERMINADO, DENTRO DE UN AMBIENTE.

Fig. 1.2 Un Sistema P-M está constituído por una o más personas y una o más máquinas interaccionando entre sí, con un objetivo determinado y dentro de un ambiente.
Ejemplos: a) Una persona con un martillo, b) Tres personas dentro de un automóvil, c) Una operaria controlando telares, d) Una partida de cartas.

Vauban, en el siglo XVII, y Belidor en el siglo XVIII pueden ser considerados pioneros en los planteamientos y el análisis con metodología ergonómica, ya que intentan medir la carga de trabajo físico en el mismo lugar donde se desarrolla la actividad.

En el siglo siguiente Tissot se interesa por la climatización de los locales y Patissier preconiza la recopilación de datos sobre mortalidad y morbosidad de los obreros. La universidad de Leningrado crea la Cátedra de Higiene (1871), que dirige Dobroslavin, donde se desarrollan una serie de trabajos sobre los métodos de las investigaciones higiénicas; Erisman (1881) organiza la cátedra de Higiene de la Universidad de Moscú y efectúa estudios pioneros sobre las condiciones higiénicas del trabajo y vida de los obreros fabriles.

Taylor, Babbage y los Gilbreth representan la posición de la organización científica del trabajo: el trabajo se analiza con precisión, sobre todo los tiempos y costes de los procesos productivos, por medios científicos, en contraposición a los medios empíricos que se utilizaban hasta entonces.

El sistema P-M que analiza el ergónomo, y por el cual se interesa la ergonomía, es el conjunto de elementos (humanos, materiales y organizativos) que interaccionan dentro de un ambiente determinado, persiguiendo un fin común, que evolucionan en el tiempo, y que poseen un nivel jerárquico.

Los objetivos básicos que persigue el ergónomo al analizar y tratar este sistema se podrían concretar en:

i   mejorar la interrelación persona-máquina.

ii controlar el entorno del puesto de trabajo, o del lugar de interacción conductual, detectando las variables relevantes al caso para adecuarlas al sistema.

iii generar interés por la actividad procurando que las señales del sistema sean significativas y asumibles por la persona.

iv definir los límites de actuación de la persona detectando y corrigiendo riesgos de fatiga física y/o psíquica.

v   crear bancos de datos para que los directores de proyectos posean un conocimiento suficiente de las limitaciones del sistema P-M de tal forma que evite los errores en las interacciones.

Definiciones de ergonomía

El término *ergonomía* proviene de las palabras griegas *ergon* (trabajo) y *nomos* (ley o norma); la primera referencia a la ergonomía aparece recogida en el libro del polaco Wojciech Jastrzebowki (1857) titulado *Compendio de Ergonomía o de la ciencia del trabajo basada en verdades tomadas de la naturaleza*, que según traducción de Pacaud (1974) dice: "para empezar un estudio científico del

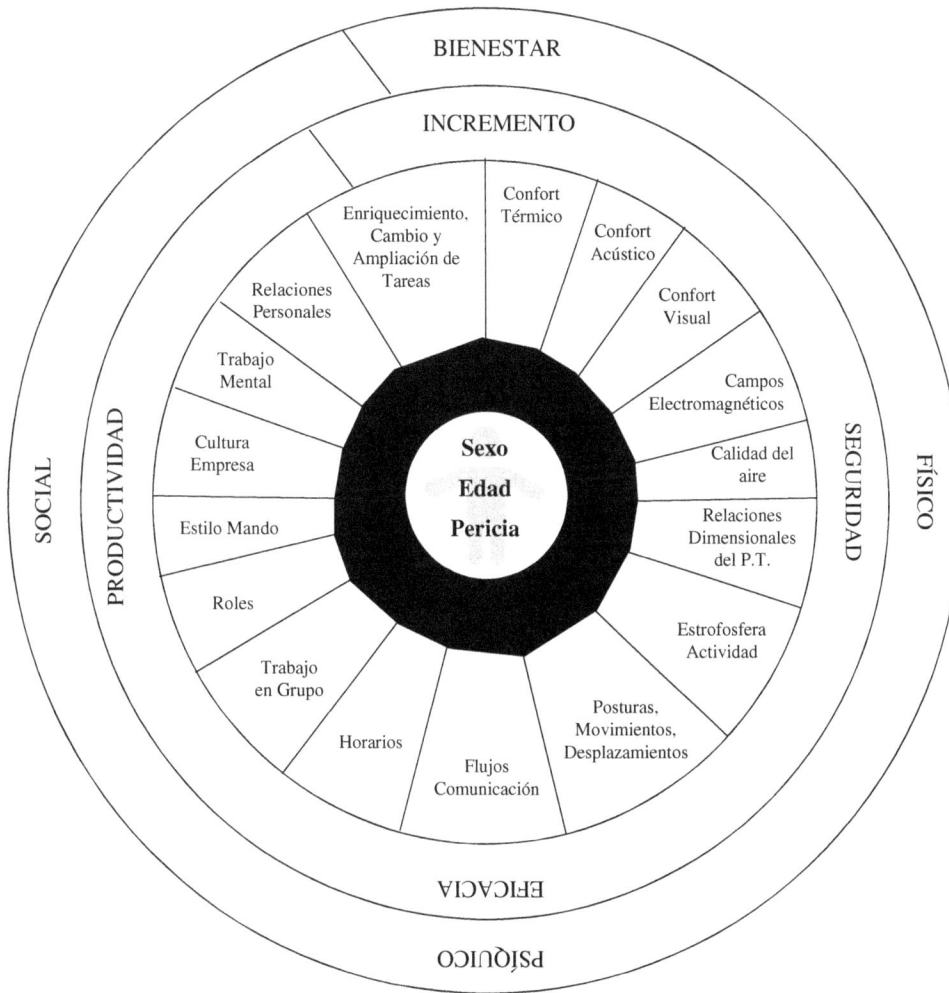

Fig. 1.3 Variables mínimas a considerar en el diseño de un puesto de actividad para diferentes usuarios.

trabajo y elaborar una concepción de la ciencia del trabajo en tanto que disciplina, no debemos supeditarla en absoluto a otras disciplinas científicas,... para que esta ciencia del trabajo, que entendemos en el sentido no unilateral del trabajo físico, de labor, sino de trabajo total, recurriendo simultáneamente a nuestras facultades físicas, estéticas, racionales y morales...".

De todas formas, la utilización moderna del término se debe a Murrell y ha sido adoptado oficialmente durante la creación, en julio de 1949, de la primera sociedad de ergonomía, la Ergonomics Research Society, fundada por ingenieros, fisiólogos y psicólogos británicos con el fin de "adaptar el trabajo al hombre".

Durante la II Guerra Mundial los progresos de la tecnología habían permitido construir máquinas bélicas, sobre todo aviones, cada vez más complejas de utilizar en condiciones extremas. A pesar del proceso de selección del personal, de su formación, de su entrenamiento y de su elevada motivación para desempeñar las tareas propuestas, las dificultades con las que se encontraban para desarrollar su cometido provocaban multitud de pérdidas materiales e incluso pérdidas humanas.

La selección, el entrenamiento, y la motivación no eran, pues, suficientes: la plasticidad humana para responder a los requerimientos de las máquinas tenía sus límites.

El análisis de las necesidades y posibilidades del hombre, por parte de los ingenieros, fisiólogos, psicólogos, etc... no podía fundamentarse única y exclusivamente en el "me pongo en su lugar": debían generarse una serie de técnicas que permitieran operativizar este "ponerse en su lugar".

La competencia técnica y el avance tecnológico, indispensable para concebir nuevas máquinas, herramientas o equipamientos, no era condición suficiente y necesaria para asegurar el buen funcionamiento de éstas. Se necesitaban "otros" conocimientos, o tal vez, otra manera de plantear el problema que permitiera, en la medida de lo posible, anticipar el comportamiento de las personas en la situación de relación P-M, para de esta forma reducir su riesgo de error, e incrementar el grado de fiabilidad humana: había nacido la ergonomía moderna.

Delimitación de las definiciones de Ergonomía

Un recurso ampliamente utilizado para centrar el debate en torno a un campo de conocimiento es la vía de la definición. Desde una perspectiva general la definición es un intento de delimitación, esto es, de "indicación de los fines o límites (conceptuales) de un ente con respecto a los demás" (Ferrater 1981). En la delimitación y alcance de un campo de estudio o disciplina científica, que busca su estatuto epistemológico, su independencia con respecto a otras disciplinas, su reconocimiento académico-público, y su dimensión de intervención profesional, parece que la definición juega un papel fundamental a juzgar por el esfuerzo de la mayoría de los autores en buscar definiciones.

Si recurrimos a las enciclopedias podemos recoger la definición de la Larousse "la Ergonomía es el estudio cuantitativo y cualitativo de las condiciones de trabajo en la empresa, que tiene por objeto el establecimiento de técnicas conducentes a una mejora de la productividad y de la integración en el trabajo de los productores directos". La definición de ergonomía de la Real Academia de la Lengua Española (1989) es: "Parte de la economía que estudia la capacidad y psicología humanas en relación con el ambiente de trabajo y el equipo manejado por el trabajador".

Esta definición se nos antoja, cuando menos, pobre y limitada; por ello podemos utilizar, como rodrigón, la del Ministerio de Trabajo de España (1974) que en su Plan Nacional de Higiene y Seguridad en el Trabajo define a la ergonomía como "Tecnología que se ocupa de las relaciones entre el hombre y el trabajo".

Las definiciones de los profesionales

Consideramos que las definiciones que pueden servir como punto de referencia más significativo son aquellas que utilizan los profesionales de la ergonomía, y que a *posteriori* acostumbran a ser las que se popularizan y calan en el argot de la población, ya que estas definiciones correlacionan positivamente con el pensamiento de cualificados profesionales del área, que a su vez son los que reflexionan de manera más crítica sobre su campo de conocimiento.

Los profesionales de la ergonomía utilizan diferentes definiciones que pretenden enmarcar el quehacer cotidiano que debería realizar un profesional de esta disciplina; evidentemente estas definiciones han evolucionado en el tiempo.

Las definiciones más significativas que han ido apareciendo son: la más clásica de todas es la de Murrell (1965): "la Ergonomía es el estudio del ser humano en su ambiente laboral"; para Singlenton (1969), es el estudio de la "interacción entre el hombre y las condiciones ambientales"; según Grandjean (1969), considera que Ergonomía es "el estudio del comportamiento del hombre en su trabajo"; para Faverge (1970), "es el análisis de los procesos industriales centrado en los hombres que aseguran su funcionamiento"; Montmollin (1970), escribe que "es una tecnología de las comunicaciones dentro de los sistemas hombres-máquinas"; para Cazamian (1973), "la Ergonomía es el estudio multidisciplinar del trabajo humano que pretende descubrir sus leyes para formular mejor sus reglas"; y para Wisner (1973) "la Ergonomía es el conjunto de conocimientos científicos relativos al hombre y necesarios para concebir útiles, máquinas y dispositivos que puedan ser utilizados con la máxima eficacia, seguridad y confort".

En la definición del equipo encargado de elaborar análisis de las condiciones de trabajo del obrero en la empresa, comúnmente conocido como método L.E.S.T.; sus autores: Guélaud, Beauchesne, Gautrat y Roustang (1975), definen la ergonomía como "el análisis de las condiciones de trabajo que conciernen al espacio físico del trabajo, ambiente térmico, ruidos, iluminación, vibraciones, posturas de trabajo, desgaste energético, carga mental, fatiga nerviosa, carga de trabajo y todo aquello que puede poner en peligro la salud del trabajador y su equilibrio psicológico y nervioso".

Para McCormick (1981), la ergonomía trata de relacionar las variables del diseño por una parte y los criterios de eficacia funcional o bienestar para el ser humano, por la otra *designing for human use*.
Por último, citaremos la definición de Pheasant (1988), para quien la ergonomía es la aplicación científica que relaciona a los seres humanos con los problemas del proyecto tratando de "acomodar el lugar de trabajo al sujeto y el producto al consumidor".

Síntesis de las definiciones

Del recorrido histórico sobre distintas definiciones de Ergonomía, en una muestra bibliográfica más exhaustiva que la presentada aquí, se desprenden tres cuestiones fundamentales:

i   que su principal sujeto de estudio es el hombre en interacción con el medio tanto "natural" como "artificial".

ii   su estatuto de ciencia normativa.

iii   su vertiente de protección de la salud (física, psíquica y social) de las personas (Fig. 1.4).

FÍSICO	MENTAL	SOCIAL	SALUD
CONDICIONES MATERIALES AMBIENTE DE TRABAJO	CONTENIDO DEL TRABAJO	ORGANIZACIÓN DEL TRABAJO	
SEGURIDAD HIGIENE INGENIERÍA FÍSICA FISIOLOGÍA PSICOLOGÍA ESTADÍSTICA	PSICOLOGÍA SOCIOLOGÍA INGENIERÍA FISIOLOGÍA	INGENIERÍA PSICOLOGÍA ECONOMÍA SOCIOLOGÍA LEGISLACIÓN	**EVITAR DAÑO**
ERGONOMÍA			**BIENESTAR**

"LA SALUD ES EL BIENESTAR FÍSICO, PSÍQUICO Y SOCIAL DE LAS PERSONAS"

Fig. 1.4 Ciencias que utiliza la ergonomía (según Fernández de Pinedo) para mantener la salud de los trabajadores.

Una definición de ergonomía debiera recoger, a nuestro entender, los elementos condicionantes que enmarcan su realización. Por ello podríamos pensar en la ergonomía como en una actuación que considerara los siguientes puntos:

i   objetivo: mejora de la interacción P-M, de forma que la haga más segura, más cómoda, y más eficaz; esto implica selección, planificación, programación, control y finalidad.

ii   procedimiento pluridisciplinar de ingeniería, medicina, psicología, economía, estadística, etc..., para ejecutar una actividad.

iii intervención en la realidad exterior, o sea, alterar tanto lo natural como lo artificial que nos rodea; lo material y lo relacional.

iv   analizar y regir la acción humana: incluye el análisis de actitudes, ademanes, gestos y movimientos necesarios para poder ejecutar una actividad; en un sentido más figurado implica anticiparse a los propósitos para evitar los errores.

v   valoración de limitaciones y condicionantes del factor humano, con su vulnerabilidad y seguridad, con su motivación y desinterés, con su competencia e incompetencia...

vi y por último, un factor que debemos ponderar en su justo valor: el económico, sin el cual tampoco se concibe la intervención ergonómica (Fig. 1.5)

TAXONOMÍA	
ERGONOMÍA	PUESTO DE TRABAJO P-M
	SISTEMAS PP-MM

ERGONOMÍA	PREVENTIVA Diseño - Concepción
	CORRECTIVA Análisis de errores y rediseño

ERGONOMÍA	GEOMÉTRICA Postural, movim., entornos
	AMBIENTAL Iluminación, sonido, calor,…
	TEMPORAL Ritmos, pausas, horarios,…
	TRABAJO FÍSICO TRABAJO MENTAL

Fig. 1.5 Diferentes enfoques de la clasificación de la ergonomía.

Como podemos ver, son abundantes las definiciones y el alcance de éstas con respecto al campo de actuación de la ergonomía. En la proliferación de definiciones se suele reflejar la visión de un autor concreto en un tiempo determinado y, como es evidente, toma partido en la cuestión de lo que significa definir el objetivo de estudio de la ergonomía influenciado por su formación de base.

Podemos agrupar las distintas definiciones del concepto de ergonomía de la siguiente forma:

i la ergonomía como tradición acumulativa del conocimiento organizado de las interacciones de las personas con su ambiente de trabajo.

ii la ergonomía como conjunto de experiencias, datos empíricos, y de laboratorio; muchas definiciones se sitúan bajo este epígrafe. Desde esta concepción la ergonomía es un conjunto de actividades planificadas y preparadas para la concepción y el diseño de los nuevos puestos de trabajo, y para el rediseño de los existentes.

iii la ergonomía, como una tecnología, es una aproximación fruto del intento de aplicar la gestión científica al trabajo y al ocio.

iv la ergonomía como plan de instrucción, haciendo hincapié en los procesos mentales de las personas.

v la ergonomía como herramienta en la resolución de problemas, sobre todo en el ámbito de los errores humanos y de toma de decisión.

vi por último, aparece una nueva visión de la ergonomía donde se enfatiza el carácter singular de su metodología que posibilita un estudio unitario y flexible de los problemas, tanto laborales como extralaborales, de interacción entre el usuario y el producto/servicio (Fig. 1.6).

A modo de resumen, podemos decir que la ergonomía trata de alcanzar el mayor equilibrio posible entre las necesidades/posibilidades del usuario y las prestaciones/requerimientos de los productos y servicios.

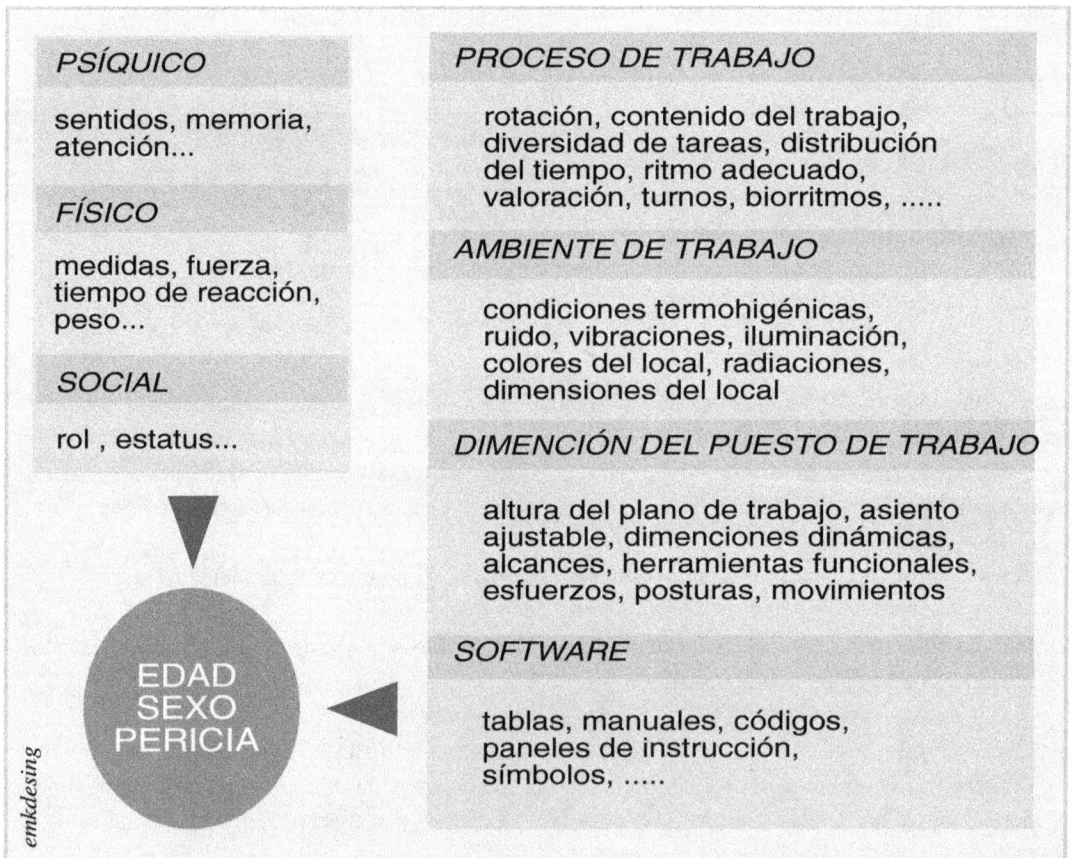

Fig. 1.6 Consideraciones ergonómicas al diseñar un puesto de trabajo.

Alcance de la ergonomía

Una primera aproximación a la ergonomía colocaría a ésta en la posición de estudio del ser humano en su ambiente laboral, lo que permitiría pensar en la ergonomía como en una técnica de aplicación, en la fase de conceptualización y corporificación de proyectos (ergonomía de concepción o preventiva), o como una técnica de rediseño para la mejora y optimización (ergonomía correctiva).

Una segunda visión de la ergonomía recogería la idea de que, en realidad, ésta debe ser una disciplina eminentemente prescriptiva, que debe proporcionar a los responsables de los proyectos los límites de actuación de los usuarios para de este modo adecuar las realizaciones artificiales a las limitaciones humanas.

Por último, en un tercer enfoque, un poco más ambicioso que los anteriores, entendería esta ciencia como un campo de estudio interdisciplinar donde se debaten los problemas relativos a qué proyectar y cómo articular la secuencia de posibles interacciones del usuario con el producto, con los servicios, o incluso con otros usuarios.

De todas formas, una reflexión sucinta sobre el alcance de la ergonomía, podría contemplar los tres apartados siguientes:

i   la ergonomía como banco de datos sobre la horquilla de las capacidades y limitaciones de respuesta de los usuarios.

ii la ergonomía como programa de actividades planificadas, para mejorar el diseño de los productos, servicios y/o las condiciones de trabajo y uso.

iii la ergonomía como disciplina aplicada para mejorar la calidad de vida de las personas.

Esta forma de presentar la ergonomía sugiere una perspectiva ecológica en la que el significado de cualquier elemento debe ser visto como algo creado de forma contínua por las interdependencias con las fuerzas con las que está relacionado.

Así, el carácter de la ergonomía configura y a la vez es configurado por sus relaciones externas con las perspectivas del conocimiento y las prácticas en otros campos de conocimiento: ingeniería, medicina, psicología, economía, diseño, fisiología, etc.

Metodología

Podemos pensar en representar la ergonomía como un campo de investigación y de práctica que tiene que ser visto en interdependencia directa respecto a los proyectos de concepción de puestos de trabajo y ocio, y a los atributos funcionales de los productos y servicios.

El desarrollo de la tecnología permite proyectar herramientas, máquinas, equipos y servicios con elevadas prestaciones, pero además debemos exigir a los proyectos que respeten y que se adecúen a los límites de capacidad de respuesta humana.

En la actualidad, debido al caudal de datos e investigaciones que poseemos, la labor del ergónomo se centra, cada vez más, en la selección de criterio: criterio en la elección del equipo humano que debe abordar el proyecto, criterio en la selección de variables pertinentes, criterio en la utilización de tablas y matrices, criterio en la selección del nivel de TLV's (Threshold Limit Values), etc...

El monto de conocimiento que generan las diferentes disciplinas científicas se acumula de tal forma que el ergónomo se ve obligado a generar una estrategia válida que le permita acceder a la información relevante al caso con el mínimo esfuerzo, para poder disponer de los requerimientos funcionales que debe cumplir el proyecto, manteniendo el grado más bajo de saturación de los canales perceptivos de los usuarios, y respetando las compatibilidades funcionales con el resto de productos y servicios que ya figuran dentro del sistema (Fig. 1.7).

SOLUCIÓN ERGONÓMICA

CONSIDERA
RELACIONES
SINÉRGICAS

ERGONOMÍA

REALIZA
ANÁLISIS
GLOBAL

emkdesing

Conflicto - Desequilibrio

Fig. 1.7 Intervención de la ergonomía en los conflictos del sistema

El ergónomo utiliza los métodos clásicos de investigación en ciencias humanas y biológicas, pero además ha adaptado y creado nuevos métodos que, en muchos casos, son pequeñas variantes de metodologías conocidas, que le permiten recoger de forma exhaustiva y económica las variables significativas de los problemas que se le plantean en el devenir de su intervenció. Podemos destacar los siguientes:

i **informes subjetivos** de las personas, ya que el grado de bienestar de una situación no sólo depende de las variables externas, sino de la consideración que de éstas haga el usuario.

ii **observación y mediciones**: esta técnica permite recoger datos cargados de contenido. Una variación en la metodología de observación, como puede ser la observación conjugada de varios personas con diferencias en formación, sexo, cultura, edad, pericia, experiencia, etc..., acostumbra a enriquecer enormemente los resultados.

iii **simulación y modelos**: debido a la complejidad de los sistemas, o a la innovación, en ciertos momentos debemos recurrir a la modelación o simplemente a la simulación de las posibles respuestas del sistema.

iv **método de incidentes críticos**: mediante el análisis de estos incidentes, podemos encontrar las situaciones caracterizadas como fuentes de error, y ahondar en el análisis explorativo de éstas.

La intervención ergonómica

Existen, al menos, dos formas de entender lo que debe ser la intervención ergonómica, y cómo se debe aplicar: para unos, la ergonomía debe elaborar manuales, catálogos de recomendaciones o de normas que deben servir de guía a los proyectistas; detrás de esta concepción aparece arraigada la necesidad de dotar de herramientas útiles a los encargados de dirigir proyectos, o de poner a punto equipamientos y servicios. Esta aproximación se considera a menudo la única posible cuando estos productos/servicios están destinados a un "gran público", o cuando no se conocen sus futuras condiciones de utilización.
Esta concepción presenta una ergonomía sin ergónomos, en la cual el profesional es sustituido por los datos, y se deja en manos del buen criterio de otros profesionales el uso cabal de la disciplina.

Este modo de actuación carece, a nuestro entender, de la particularidad que le otorga el ergónomo, y evidentemente no puede asegurar la aplicación fidedigna y correcta de los indicadores ergonómicos; para nosotros se requiere la presencia directa del profesional de la ergonomía, y aún mejor del equipo de ergonomía, el cual es el único garante que permite ponderar y considerar las variables pertinentes al caso en función de los objetivos a alcanzar, y de los recursos de que se dispone.

La otra forma de entender la ergonomía requiere la presencia activa del ergónomo en la fase de proyecto y/o en el lugar de trabajo/ocio, posibilita el analizar la actividad, entender la forma de actuación real de los usuarios, diferenciando "lo que dicen, de lo que hacen", infiriendo los procesos que subyacen en su actuación, las variaciones no reseñadas en las condiciones de realización de la tarea, el uso de "otros" medios de trabajo, etc., todo lo cual es necesario para elaborar estrategias más eficaces a la hora de dar forma y corporizar el proyecto.

Entre estos dos posicionamientos de actuación existen posibilidades eclécticas que permiten actuar en función de los medios de que se dispone. De todas formas, no debemos dejar de remarcar, una vez más, que la segunda forma de actuación expuesta es la que consideramos coherente y eficaz a la actuación del profesional de la ergonomía, para la dotación de valor ergonómico al proyecto.

Las etapas de la intervención

Podemos reducir la intervención ergonómica a una serie de etapas fácilmente identificables en cualquier proyecto:

i   **análisis de la situación**: ésta se realiza cuando aparece algún tipo de conflicto.

ii **diagnóstico y propuestas**: una vez detectado el problema el siguiente paso reside en diferenciar lo latente de lo manifiesto, destacando las variables relevantes en función de su importancia para el caso.

iii **experimentación**: simulación o modelaje de las posibles soluciones.

iv **aplicación:** de las propuestas ergonómicas que se consideran pertinentes al caso.

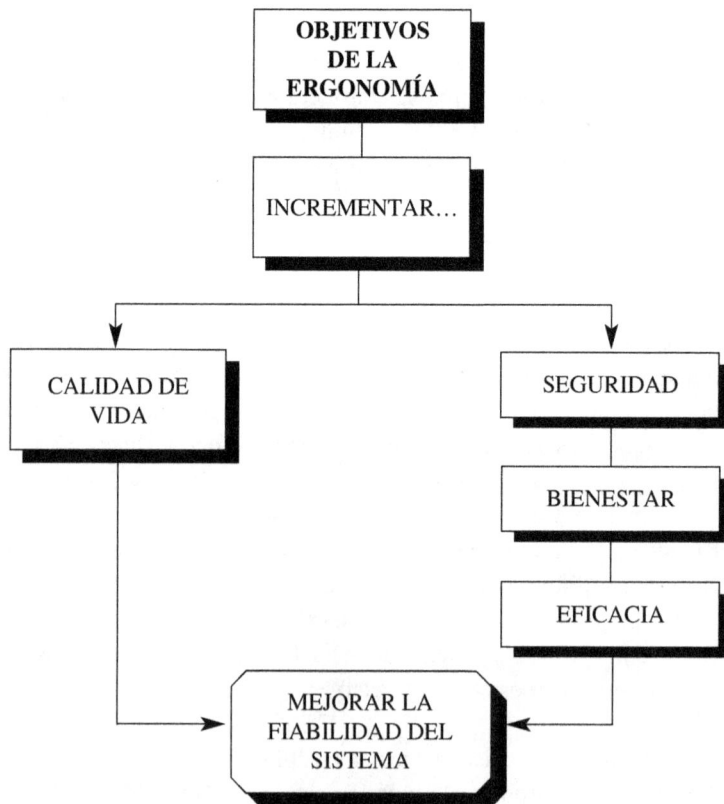

Fig. 1.8 Objetivo de la ergonomía

v **validación de los resultados**: grado de efectividad, valoración económica de la intervención y análisis de fiabilidad.

vi **seguimiento:** por último, cabe retroalimentar y comprobar el grado de desviación para ajustar las diferencias obtenidas a los valores pretendidos mediante un programa.

El objetivo que se persigue siempre en ergonomía es el de mejorar "la calidad de vida" del usuario, tanto delante de una máquina herramienta como delante de una cocina doméstica, y en todos estos casos este objetivo se concreta con la reducción de los riesgos de error, y con el incremento de bienestar de los usuarios.

Facilitar la adaptación al usuario de los nuevos requerimientos funcionales es incrementar la eficiencia del sistema. La intervención ergonómica no se limita a identificar los factores de riesgo y las molestias, sino que propone soluciones positivas, soluciones que se mueven en el ámbito posibilista de las potencialidades efectivas de los usuarios, y de la viabilidad económica que enmarca cualquier proyecto.

El usuario no se concibe como un "objeto" a proteger sino como una persona en busca de un compromiso aceptable con las exigencias del medio. El ergónomo da referencias para concebir situaciones más adaptadas a las tareas a realizar, en función de las características de todos los usuarios involucrados en el proyecto.

2 Interfaz persona-máquina: relaciones informativas y de control

Interfaz persona-máquina (P-M)

La ergonomía geométrica posibilita la actuación en el diseño de los espacios, máquinas y herramientas que configuran el entorno de la persona, que no es otra cosa que los medios que éste utiliza para comunicarse o satisfacer sus necesidades en el trabajo o en el ocio. El conjunto de útiles y mecanismos, su entorno y el usuario, forman una unidad que podemos definir y analizar como un sistema P-M, considerando, no sólo los valores de interacción de variables, sino también las relaciones sinérgicas.

Podemos clasificar estos sistemas en función del grado y de la calidad de interacción entre el usuario y los elementos del entorno; utilizando una clasificación comúnmente aceptada, obtendríamos tres tipos básicos de sistemas de interacción: 1) manuales; 2) mecánicos; 3) automáticos (Fig 2.1).

Sistemas manuales

La principal característica estriba en que es el propio usuario el que aporta su energía para el funcionamiento, y que el control que ejerce sobre los resultados es directo: un albañil levantando una pared, o un artesano manejando un martillo y una escarpa, o un ciclista, podrían ser buenos ejemplos.

Sistemas mecánicos

A diferencia de los sistemas manuales, el usuario aporta una cantidad limitada de energía, ya que la mayor cantidad de ésta es producida por las máquinas o por alguna fuente exterior. Son sistemas en los cuales el hombre recibe la información del funcionamiento directamente o a través de dispositivos informativos y mediante su actuación sobre los controles regula el funcionamiento del sistema. Un motorista, un operario abriendo una zanja con un martillo neumático, nos pueden ilustrar la idea.

De todas formas, el ejemplo más recurrido para la exposición de sistemas mecánicos es la conducción de un automóvil. El sistema conductor-automóvil está incluido en un sistema de rango superior, la

TIPOS DE SISTEMAS SEGÚN LA FUNCIÓN DE LA PERSONA:

A.- SISTEMA MANUAL

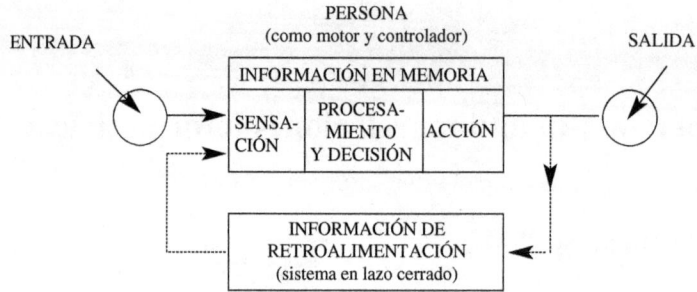

B.- SISTEMA MECÁNICO

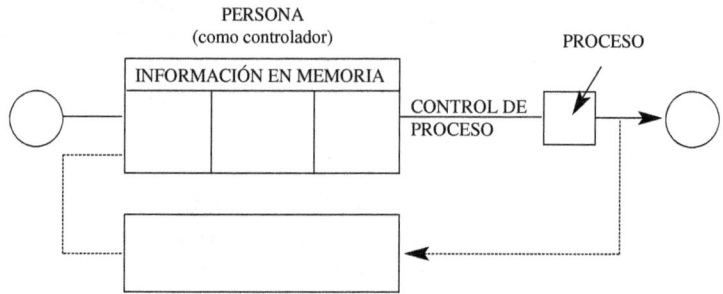

C.- SISTEMA AUTOMÁTICO

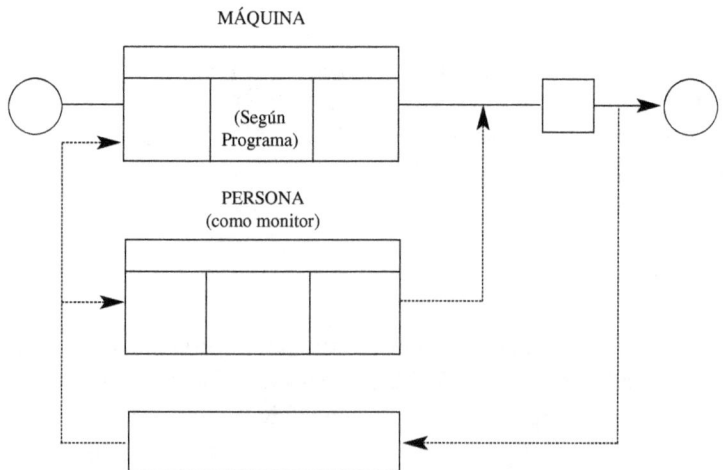

Fig. 2.1 Tipos de sistemas según la función de la persona dentro de los mismos: a) Sistema manual b) Sistema mecánico c) Sistema automático

circulación, en el cual el conductor recibe un plus de información de los propios componentes intrínsecos del vehículo (velocidad, potencia, características, ruidos..), y del entorno (carretera, señales de tráfico, edificios, señales naturales, otros vehículos, etc...).

Los indicadores: velocímetro, tacómetro, displays de iluminación, termómetros, y niveles de aceite, gasolina, agua... nos darán la referencia acerca de las medidas de velocidad, de las revoluciones del motor, del tipo de iluminación utilizada, de la temperatura del agua en el circuito de refrigeración, del nivel de los depósitos, etc.

Los controles del sistema serán el volante de dirección, los pedales de aceleración, freno y embrague, las palancas para el cambio de velocidades y para accionar las luces, las galgas de nivel de los líquidos, etc., cuya resistencia, posición, altura, olor, color y textura, actúan de retroalimentación sobre el conductor y le permiten calibrar en todo momento el grado de fiabilidad del sistema.

Si a todo esto le sumamos los componentes propios del conductor, características antropométricas, edad, sexo, pericia, aptitud, capacidades fisiológicas, etc., obtendremos la resultante total de variables a analizar en el sistema mecánico conductor-automóvil.

Sistemas automáticos

Los sistemas automáticos, o de autocontrol, son más teóricos que reales, ya que deberían, una vez programados, mantener la capacidad de autorregularse. En la práctica no existen sistemas totalmente automáticos, siendo imprescindible la intervención de la persona como parte del sistema, al menos en las funciones de supervisión y mantenimiento.

LA PERSONA GENERALMENTE ES MEJOR:

- PARA SENTIR NIVELES MUY BAJOS DE CIERTOS TIPOS DE ESTIMULOS: VISUALES, AUDIBLES, TACTILES, OLFATIVOS Y GUSTATIVOS, AL MENOS CON MAYOR FACILIDAD Y SENCILLEZ.
- DETECTAR ESTIMULOS SONOROS CON UN ALTO NIVEL DE RUIDO DE FONDO.
- RECONOCER PATRONES COMPLEJOS DE ESTIMULOS QUE PUEDEN VARIAR EN SITUACIONES DIFERENTES.
- SENTIR SUCESOS NO USUALES E INESPERADOS EN EL AMBIENTE.
- UTILIZAR UNA EXPERIENCIA MUY VARIADA PARA TOMAR DECISIONES, ADAPTANDOLA A NUEVAS SITUACIONES.
- DECIDIR NUEVAS FORMAS ALTERNATIVAS DE OPERACION EN CASO DE FALLOS.
- RAZONAR INDUCTIVAMENTE GENERALIZANDO OBSERVACIONES.
- HACER ESTIMACIONES Y EVALUACIONES SUBJETIVAS.
- GRAN FLEXIBILIDAD PARA TOMAR DECISIONES ANTE SITUACIONES IMPREVISTAS.
- CONCENTRARSE EN LAS ACTIVIDADES MAS IMPORTANTES CUANDO LA SITUACION LO INDIQUE.

Fig. 2.2 La persona generalmente es mejor...

LAS MÁQUINAS GENERALMENTE SON MEJORES:

- PARA SENTIR ESTÍMULOS QUE ESTAN FUERA DE LAS POSIBILIDADES HUMANAS: RAYOS X, MICROONDAS, SONIDOS ULTRASÓNICOS,...

- APLICAR "RAZONAMIENTO" DEDUCTIVO, COMO RECONOCER ESTÍMULOS QUE PERTENECEN A DETERMINADA CLASIFICACIÓN ESPECIFICADA.

- VIGILAR SUCESOS PREVISTOS, ESPECIALMENTE CUANDO SON POCO FRECUENTES, SIN PODER IMPROVISAR.

- ALMACENAR GRANDES CANTIDADES DE INFORMACIÓN CODIFICADA RÁPIDA Y PRECISA Y ENTREGARLA CUANDO SE LE SOLICITA.

- PROCESAR INFORMACIÓN CUANTITATIVA SIGUIENDO PROGRAMAS ESPECÍFICOS.

- RESPONDER RÁPIDA Y CONSISTENTEMENTE A SEÑALES DE ENTRADA.

- EJECUTAR CONFIABLEMENTE ACTIVIDADES ITERATIVAS Y EJERCER FUERZA FÍSICA CONSIDERABLE HOMOGÉNEAMENTE Y CON PRECISIÓN.

- MANTENERSE EN ACTIVIDAD DURANTE LARGOS PERIODOS.

- CONTAR Y MEDIR CANTIDADES FÍSICAS.

- REALIZAR SIMULTÁNEAMENTE VARIAS ACTIVIDADES.

- ACTUAR EN AMBIENTES HOSTILES A LA PERSONA.

- MANTENER LA OPERACIÓN EFICIENTE BAJO DISTRACCIONES.

Fig. 2.3 La máquina generalmente es mejor....

Cuando diseñamos sistemas automáticos, lo que estamos diseñando en realidad son sistemas semiautomáticos (satélites, sondas, etc), pero al final del proceso siempre encontraremos usuarios que recibirán unos u otros datos y que, previa interpretación, actuarán en consecuencia (dar por desaparecidos la sonda espacial, artefacto fuera del sistema de control, rectificar trayectoria, etc...). En la práctica los sistemas P-M suelen estar formados por la interacción de subsistemas de los tres tipos.

Para diseñar correctamente un sistema P-M, debemos identificar las funciones, jerarquizarlas y hacer una repartición de ellas entre la persona y la máquina; debemos pues, considerar las ventajas e inconvenientes (económicos, tecnológicos, sociales y por supuesto ergonómicos) de atribuir una función la persona o a la máquina, para esto último tenemos que considerar las características generales de ambos (Fig. 2.2 y Fig 2.3).

Dispositivos informativos (DI)

La necesidad de recibir información es indispensable para que el usuario controle el sistema; la retroalimentación que recibirá, la cantidad y calidad de información, su cadencia, la forma en que la recibe, etc... determinarán la calidad de la respuesta que éste podrá realizar.

Atendiendo al canal por el que se recibe la información, generalmente la visión es el sistema detector por el cual el usuario recibe más del 80% de la información exterior. De los otros sistemas de recogida de información, sólo la audición y el tacto aparecen significativamente, ya que tanto el gusto, como el olfato, son canales poco utilizados en el medio laboral, excepto casos muy concretos, como catadores, narices (perfumistas), etc.

A la hora de diseñar cualquier mando o control o algún dispositivo informativo, tendremos en cuenta el tipo de información que se ha de percibir, los niveles de distinción y comparación, la valoración de la información recibida, la carga de estímulos recibidos, la frecuencia y el tiempo disponible de reacción, el tiempo compartido entre la persona y la máquina para dar respuesta, las posibles interferencias, la compatibilidad entre persona y máquina, etc.

Los dispositivos se pueden categorizar en dispositivos visuales, táctiles y auditivos, atendiendo a los canales sensoriales por los que se puede recibir la información. Muchas veces la implementación de éstos pasa por la combinación de una o varias categorías, lo que obliga a realizar un análisis relacional de ellos, y un análisis de saturación y compatibilidad de los canales perceptivos por los cuales el usuario recibirá el monto total de información.

Dispositivos informativos visuales (DIV)

El problema de los indicadores visuales estriba en que no sólo dependen de la percepción visual del operario, sino que además debemos considerar las condiciones externas que configuran el espacio de trabajo, y que interfieren en el proceso de captación de la información visual.
Elegiremos aquel dispositivo que, cumpliendo los requisitos, sea el más sencillo de todos. Es por eso que esta selección se debe hacer desde los dispositivos más simples a los más complejos; la elección se efectuará teniendo en cuenta esta premisa, pues la información debe ser la necesaria y suficiente, sin excesos ni defectos. Los DIV se usan principalmente cuando… (Fig. 2.4).

LOS DISPOSITIVOS INFORMATIVOS VISUALES SE USAN
PRINCIPALMENTE CUANDO:

1. LOS MENSAJES SON LARGOS Y COMPLEJOS.
2. SI HAY QUE REFERIRSE A ELLOS POSTERIORMENTE.
3. SE RELACIONAN CON UNA SITUACION DE ESPACIO.
4. NO IMPLICAN ACCION INMEDIATA.
5. EL OIDO ESTA SOBRACARGADO.
6. EL LUGAR ES MUY RUIDOSO.
7. LA PERSONA PERMANECE EN POSICION FIJA.

Fig. 2.4 Utilización de los dispositivos informativos visuales (DIV)

Los parámetros que intervienen en las respuesta de las personas son la visibilidad, la legibilidad, el grado de fatiga y la compatibilidad. Algunos de los aspectos específicos relacionados con estas cuatro variables, son:

- Visibilidad: brillo y contraste
- Legibilidad: tamaño, claridad y tipo de fuente luminosa
- Grado de fatiga: fuente luminosa, color, parpadeo
- Compatibilidad: grado de adecuación del sistema

A continuación se enumeran los dispositivos informativos visuales (DIV) básicos (Fig. 2.5).

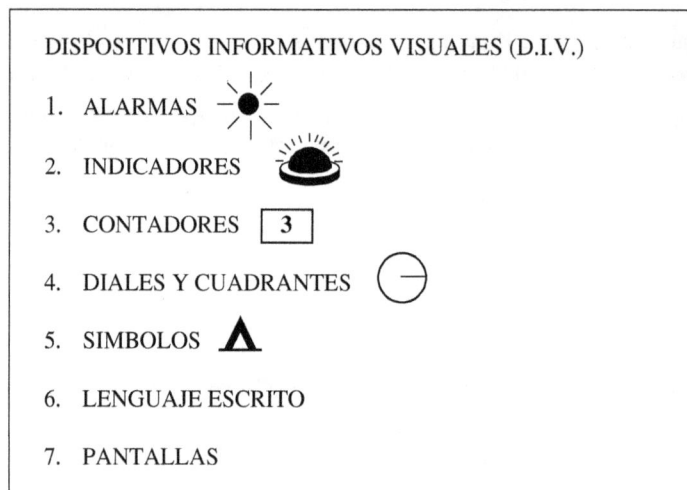

DISPOSITIVOS INFORMATIVOS VISUALES (D.I.V.)

1. ALARMAS

2. INDICADORES

3. CONTADORES   3

4. DIALES Y CUADRANTES

5. SIMBOLOS   Λ

6. LENGUAJE ESCRITO

7. PANTALLAS

Fig. 2.5 DIV básicos.

A la hora de diseñar diferentes sistemas de captación visual de información, debemos considerar las diferencias individuales tales como: edad, tiempo de reacción, adaptación, acomodación y agudeza visuales, cromatismo, cultura, fatiga y entrenamiento.

Además, se deben atender las condiciones externas que afectan a las discriminaciones visuales, tales como contrastes, tiempo de exposición, relación de luminancias, movimiento del objeto y deslumbramientos.

Los dispositivos informativos visuales (también llamados *displays*) son captadores de información que facilitan la percepción por el hombre, ya sea mediante una transducción del estímulo a un sistema de codificación o de umbrales humanos que permitan su captación o, en otros casos, simplemente mediante la presentación en umbrales humanos adecuados de la energía que emiten las fuentes externas que se deben percibir.

A continuación se muestra en un diagrama simplificado del proceso de la información visual. (Fig. 2.6)

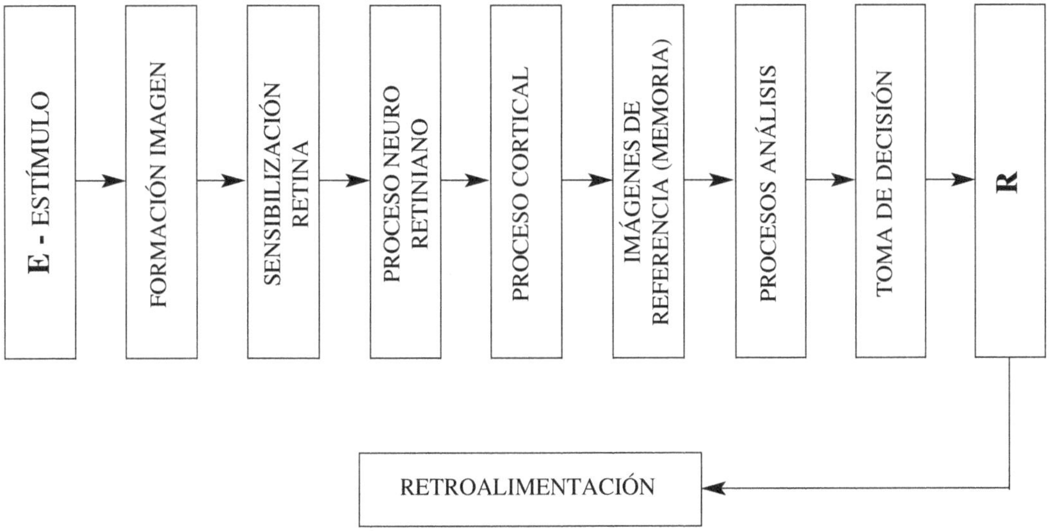

Fig. 2.6 Diagrama simplificado del proceso de información visual

Las alarmas

Son dispositivos que transmiten la información urgente de forma rápida y clara, se manejan con un bit de información (si-no) sin otras alternativas. Su significado debe ser conocido por todos los operarios del lugar de trabajo. Acostumbran a estar relacionados con alarmas sonoras para llamar la atención, y deben poseer un determinado parpadeo.

Como ejemplo citaremos la lámpara parpadeante o fija que alerta sobre la falta de combustible, la alarma visual en las plantas nucleares, las alarmas de las ambulancias y bomberos, etc.

Los indicadores

La diferencia fundamental respecto a las alarmas estriba en que los indicadores no llevan añadido el componente de urgencia. Se pueden utilizar para indicar funcionamiento, paro,dirección, etc... .

El intermitente de un coche, las señales del tráfico, el rótulo del nombre de una calle, etc... son buenos ejemplos de indicadores.

Símbolos

Por su sencillez y fácil comprensión son elementos muy útiles; el peligro consiste en una mala utilización, ya sea por ambigüedad, por deficiencias en la normalización, o por incompatibilidad cultural.

Los carteles de riesgo eléctrico, de no fumar, toxicidad, campo de fútbol, etc... son un buen ejemplo (Fig. 2.7).

Fig. 2.7 Algunos símbolos de uso común

Los contadores

Son los más sencillos de todos los DIV que informan sobre valores numéricos, con un número muy bajo de errores en la lectura. No sirven para variables cuyos cambios son muy rápidos, ya que no permitirían la lectura e incluso podrían llevar a confusión de sentido en la variación de los valores (régimen de cambio).
Citaremos el contador de kW/h, reloj digital horario, "su turno", etc.

Diales y cuadrantes

Son los DIV más complejos. En función de su forma pueden ser circulares, semicirculares, sectoriales, cuadrados, rectangulares (horizontales y verticales).
Por su funcionamiento se pueden clasificar como indicador móvil con escala fija y como indicador fijo con escala móvil. Los de indicador fijo provocan menos errores de lectura; sin embargo, los de indicador móvil permiten conocer mejor el régimen de cambio de la variable.
Ejemplos: el reloj analógico, medidores de presión, termómetros... (Fig. 2.8).

Características generales de los dispositivos informativos visuales (DIV)

Las características generales de los DIV se pueden resumir en:

1   Su precisión debe de ser la necesaria (la precisión es la división más pequeña de una escala).

2   Su exactitud debe de ser la mayor posible (la exactitud es la capacidad del dispositivo para reproducir el mismo valor cuando aparece la misma condición).

3   Deben ser lo más simples que sea posible.

	AGUJA MÓVIL ESCALA FIJA	AGUJA FIJA ESCALA MÓVIL
OPERACIÓN	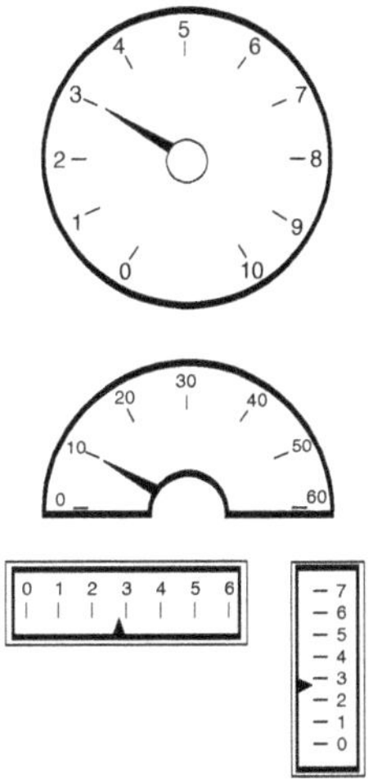	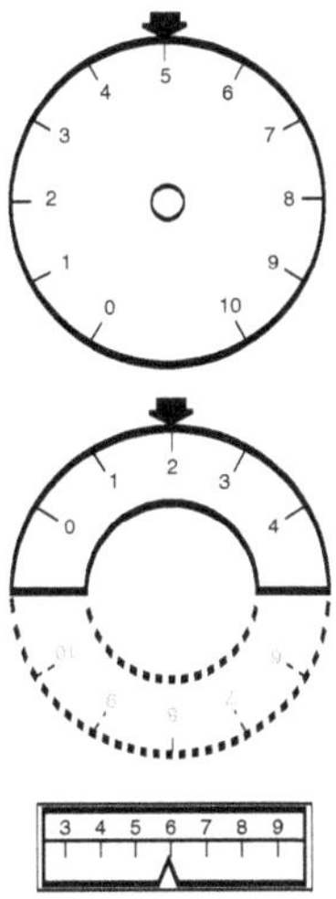
Lectura de valor absoluto	BUENO	BUENO
Observación de cambio de valor	MUY BUENO	BUENO
Lectura de valor exacto control de proceso	MUY BUENO	BUENO
Ajuste a un valor dado	MUY BUENO	PASABLE

Fig. 2.8 Dispositivos de información (UNE81-600-85)

4   Deben ser directamente utilizables, evitando los cálculos. A lo sumo utilizar factores múltiplos de 10.

5   Las divisiones de las escalas deben ser 1, 2 y 5.

6   En las escalas sólo deben aparecer números en las divisiones mayores.

7   La lectura de los números debe ser siempre en posición vertical.

8   El tamaño de las marcas debe estar de acuerdo con la distancia visual, la iluminación, y el contraste.

Siendo la distancia visual **a**:

altura de marcas grandes	= a/90
altura marcas medianas	= a/125
altura marcas pequeñas	= a/200
grosor de las marcas	= a/5000
distancia entre dos marcas pequeñas	= a/600
distancia entre dos marcas grandes	= a/50

9   Las dimensiones de las letras y números se deberían adecuar a las siguientes proporciones:

relación altura : anchura   = 0,7 : 1

relación grosor : altura   = 1 : 6 (para negro sobre blanco)

1 : 8 (para blanco sobre negro)

10 la distancia de la punta del indicador al número, o a la división debe ser la mínima posible, evitando siempre el enmascaramiento.

11 La punta del indicador debe ser aguda, formando un ángulo de 20°.

12 Los planos del indicador y de la escala deben estar lo más cercanos que sea posible para evitar el error de paralaje.

13 Siempre que se pueda se deben sustituir los números por colores (por ejemplo: verde, amarillo y rojo), zonas...

14 Es muy útil combinar estas lecturas con dispositivos sonoros de advertencia para valores críticos.

15 Las combinaciones que se pueden efectuar con los números y las letras son prácticamente infinitas. Se utilizan para valoraciones, descripciones e identificaciones. El contraste debe ser superior al 75-80%. En ocasiones puede ser útil su combinación con colores, luces y sonidos para acentuar su capacidad de información cualitativa.

16 El conjunto de colores incluyendo tonos, matices, textura, etc. es prácticamente ilimitado. Se establece, por las normas de seguridad e higiene en el trabajo, utilizar los colores normalizados, y si se puede simplificar: rojo, amarillo, verde, blanco y negro. Se aconseja su utilización en indicadores cualitativos y para tareas de emergencia y búsqueda.

17 Luces: aunque se pueden emplear diez colores diferentes, se recomienda limitar su utilización a cuatro: rojo, verde, amarillo y blanco. Se utilizan en *displays* cualitativos, como apoyo a los cuantitativos y en señales de alarma. El parpadeo se utilizará en señales de alarma, la frecuencia de parpadeo se debe mantener en menos de 1 parpadeo/segundo y siempre debe ser menor que la frecuencia crítica de fusión retiniana.

18 La intensidad del brillo se debe limitar a tres grados: muy opaco, normal e intenso. Los flashes se deben limitar a dos y tienen importancia en señales de alerta.

19 Se recomiendan las formas geométricas, aunque se ha comprobado que se pueden utilizar hasta veinte: triángulos, círculos, estrellas, rombos, y semicírculos. Se utilizan en representaciones simbólicas para identificación.

20 Las figuras descriptivas se recomienda que sean: definidas, cerradas, simples y unificadas (Fig. 2.9).

ALGUNAS CARACTERISTICAS QUE DEBEN POSEER DIALES Y CUADRANTES:

1. LO MAS SIMPLE QUE SEA POSIBLE.
2. PRECISION NECESARIA Y SUFICIENTE.
3. DIRECTAMENTE LEGIBLES PARA EVITAR CALCULOS, O USAR FACTORES MULTIPLOS DE 10.
4. LAS DIVISIONES DE LAS ESCALAS DEBEN SER 1, 2 Y 5.
5. NUMERAR SOLO LAS DIVISIONES GRANDES.
6. LA LECTURA DE LOS NUMEROS DEBE SER VERTICAL.
7. EL TAMAÑO DE LAS MARCAS DEBE ESTAR RELACIONADO CON LA DISTANCIA VISUAL, ILUMINACION Y CONTRASTE.
8. LA PUNTA DEL INDICADOR DEBE SER AGUDA Y ESTAR LO MAS CERCA POSIBLE DEL NUMERO SIN TOCARLO.
9. LOS PLANOS DEL INDICADOR Y LA ESCALA DEBEN ESTAR LO MAS PROXIMOS POSIBLE.
10. OTROS…

Fig. 2.9 Cuadro resumen de las características visuales que deben poseer diales y cuadrantes

Ubicación de los DIV

La ubicación de los DIV requiere de una atención especial, ya que éstos están condicionados por los siguientes aspectos:

1 Su importancia dentro del sistema tratado.

2 Su frecuencia de uso.

3 Su posible agrupamiento con otros DIV según su función, o relacionado con sus controles correspondientes.

4 La secuencia de las lecturas.

5 Las estrofosferas de trabajo.

6 Las cargas de trabajo físico (alta, media y baja).

7   La iluminación (reflexiones indeseables, sombras, etc.)

8   Polvo y suciedad... .

Pantallas

Las consideraciones que deben tener las pantallas hacen referencia a su dimensión y a las posibilidades de control del contraste, brillo, rotación, e inclinación:

1   El usuario debe poder regular la luminosidad y el contraste.

2   La luminancia de la pantalla no debe ser inferior a 10 cd/m^2 y la de los caracteres estará entre 3 y 15 veces la de la pantalla; la relación correcta oscilará entre 6:1 y 10:1.

3   La altura del borde superior de la pantalla debe estar relacionada con la altura de ojos del operador y no deberá superar la línea horizontal de los ojos.

4   Respecto al tamaño de pantalla, las de 12" son válidas para trabajos ocasionales. Para trabajos de entrada de datos el mínimo es de14". Las pantallas mayores de 16" permiten la visualización de un documento estándar de tamaño DIN A-4 completo.

5   Siempre que se pueda se optará por pantallas de resolución 72 dpi. Y aspecto ratio 1 (que los pixels sean cuadrados).

6   Si mantenemos una frecuencia de centelleo de 70 barridos por segundo (Hz) podemos decir que prácticamente será buena para el 95 % de la población, aunque existirá un 5% que debido a su alta sensibilidad se sentirá molesto; la solución estriba en incrementar la frecuencia.

7   El color de los caracteres negros sobre blanco ofrece mejor contraste que los caracteres blancos sobre fondo negro, y además son compatibles con la mayoría de los documentos escritos en papel. Algunos autores recomiendan el color marrón ámbar para el fondo con caracteres amarillos, debido a su buen contraste con baja intensidad de iluminación, ya que corresponden a la máxima sensibilidad del ojo, situada entre los 540 y los 590 nm (amarillo verdoso), y a que su percepción es menos perturbada por los fenómenos de reflexión.

8   La forma de los caracteres debe estar bien definida.

9   Los caracteres deben estar bien diseñados (la matriz de pixels de 7 x 9 es la preferible, aunque podemos aumentar la matriz a 11 x 14). Si no es así pueden confundirse los caracteres C-G, X-K, T-1-Y,U-V, D-O-0, 8-B, y S-5...

10   El tamaño de los caracteres debe ser de 3,5 a 4,5 mm para que su lectura sea fácil a la distancia de 40-70 cm. Lo mejor es trabajar con programas que admitan el cambio de tamaño.

11 La anchura de los caracteres debe estar comprendida entre el 60 y el 80% de la altura y su espesor debe ser próximo al 15%.

12 La separación entre caracteres será inferior al 20% de la anchura.

13 Los caracteres deben ser estables y no emitir centelleo.

14 La distancia interlineal (mínimo 120% del cuerpo de letra utilizada) debe ser lo suficientemente amplia para que los caracteres en minúscula de líneas contiguas queden suficientemente separados para distinguirlos entre sí; dos líneas de separación suele ser una buena distancia.

15 La separación entre línea base será del 120 al 150% del cuerpo de letra utilizada.

16 La fosforescencia residual en algunos ordenadores tarda un tiempo apreciable en desaparecer de la pantalla. Se debiera mantener un tiempo de persistencia inferior a 0,02 segundos.

17 El borde coloreado de la pantalla no debe diferir demasiado del de la propia pantalla; debe proporcionar una transición suave entre la superfície de la pantalla y el borde, y no debe exceder la relación 3:1.

18 Para evitar reflexiones es importante que pueda cambiarse fácilmente el ángulo de inclinación de la pantalla; el movimiento debe estar comprendido entre 15° hacia arriba y 5° hacia abajo.

19 La superficie exterior de la pantalla debe estar tratada de tal forma que elimine los posibles reflejos, "imágenes fantasma", y que no sea necesario poner un filtro exterior.

20 Las radiaciones no visibles que pudieran estar presentes en la pantalla, como los rayos X, UV e IR, deben tender a cero. Si existen deben estar dentro de los límites permitidos.

21 El cursor debe ser fácilmente localizable (parpadeo) y poco molesto. No debe confundirse con otros símbolos.

22 Los dispositivos de control del monitor deben estar en lugares accesibles para facilitar su manipulación.

23 Por último, debe estudiarse la posición de la pantalla respecto a las ventanas, luminarias del techo y luminarias suplementarias para evitar reflejos indeseables.

Lenguaje escrito

Antes de elaborar un documento escrito se deben considerar una serie de puntos que ayudan a rebajar los posibles errores en la comunicación:

1   Tener claros los objetivos perseguidos.

2   Determinar las características de los transmisores del mensaje.

3   Concretar las características de los receptores del mensaje.

4   Valorar el "ruido" existente en el sistema.

5   Efectividad del mensaje.

6   Redundancia.

7   Capacidad del canal de transmisión.

Las reglas para el uso del lenguaje en comunicación escrita se deben apoyar en la selección cuidadosa de las palabras, en el modo de usarlas, en la construcción de las frases y del idioma/s empleado. La utilización del lenguaje escrito se podría sintetizar de la siguiente forma:

1   Uso de oraciones cortas.

2   Títulos expresivos y breves.

3   Describir el todo antes que las partes.

4   Uso de oraciones activas.

5   Uso de oraciones afirmativas (excepto para evitar conductas arraigadas).

6   Uso de palabras conocidas.

7   Organización de secuencia temporal.

8   Evitar la ambigüedad (precisión y claridad).

9   Legibilidad.

McCormick propone usar letras negras sobre fondo blanco para textos de instrucciones o advertencia en equipos para una distancia de lectura entre 350-1400 mm; las letras con una relación óptima grueso/altura (G/H) de1/6 hasta1/8:

donde $H = 0{,}056D + K_1 + K_2$

siendo
H = altura de las letras en milímetros

D = distancia de lectura en milímetros

K_1 = factor de corrección según la iluminación y las condiciones de visión como sigue:

k_1 =1,5 mm para un nivel de iluminación > de 10 lux y condiciones de lectura favorables.

k_1 = 4,1 mm para un nivel de iluminación > de 10 lux y condiciones de lectura desfavorables.

k_1 = 4,1 mm para un nivel de iluminación < de 10 lux y condiciones de lectura favorables.

k_1 = 4,1 mm para un nivel de iluminación < de 10 lux y condiciones de lectura desfavorables.

k_1 = 6,6 mm para un nivel de iluminación < de 10 lux y condiciones de lectura desfavorables.

k_2 = factor de corrección según la importancia del mensaje 1,9 mm para situaciones de emergencia.

Dispositivos sonoros

Las características de la información audible se pueden resumir de la siguiente forma:

1 No requieren una posición fija del trabajador.

2 Resisten más la fatiga.

3 Llaman más la atención.

4 Sólo se utilizan para alarmas o indicativos de un máximo de dos o tres situaciones, con excepción del lenguaje hablado que se utiliza para impartir instrucciones.

5 Se pueden utilizar en combinación con dispositivos visuales.

6 Su nivel de presión sonora en el punto de recepción debe estar al menos 10 dB por encima del ruido de fondo.

7 La comunicación oral sin amplificación está en un rango de presión sonora entre 46 (susurro) y 86 (grito) dB, y la audición máxima se obtiene alrededor de los 3400 Hz.

Los dispositivos informativos sonoros se pueden clasificar en timbres, chicharras, sirenas, etc.., además del lenguaje hablado. En su utilización deben considerarse los siguientes aspectos:

1 Para mensajes cortos y simples.

2 Cuando no haya que referirse a ellos posteriormente.

3 Cuando se relacionan con sucesos o eventos en el tiempo.

4 Si implican una acción inmediata.

5 Si el canal visual está sobrecargado.

6   Cuando el lugar está muy oscuro o muy luminoso.

7   Cuando el operario no permanece fijo en un puesto.

Para comprobar la inteligibilidad de la información oral se puede recurrir a pruebas con sílabas sin sentido, si el 95% de vocales y consonantes son bien recibidas se puede decir que la inteligibilidad es normal; para el 80% se permite la comprensión; para el 75% se requiere alta concentración y para menos del 65% hay mala inteligibilidad. Para esto existen tablas de comprobación silábicas por idiomas, dialectos y poblaciones, ya que las diferencias idomáticas son importantes (Fig. 2.10).

MONOSILABOS PARA LA PRUEBA DE INTELIGIBILIDAD DEL HABLA										
PREN	DRO	BRE	LON	GOR	JAR	TIN	CER	TRO	DRI	MUL
NAL	BIN	FUS	CHOR	PAL	LUM	BLE	CLA	JAC	LIN	JIM
MEL	RAL	DUS	CES	TEL	MOS	AL	AU	LOI	CLE	COR
MIS	FER	GUI	LAR	ÑAR	CHON	SA	FAR	TAS	LES	BE
BIAR	TUN	PEC	JUE	ÑAL	ÑIS	TIL	QUI	GRE	JUS	QUEL
LLIN	DUR	SIM	SUA	FAU	CLI	PAU	QUES	MAI	AR	CIU
BUR	BRI	FO	JU	NUN	BLA	CHU	IS	FLA	DIS	SIS
PES	CER	ZAN	PRU	REN	FIS	GA	AT	TAI	NER	DRA
SIT	TIL	MER	JO	LAM	NEL	DOL	CLA	GLO	DES	ROI
POT										

Fig. 2.10 Monosílabos para la prueba de inteligibilidad de habla, elaborado por los autores

También se utilizan tablas y gráficos como el del nivel de interferencia del habla (NIH) que es el promedio del nivel de presión sonora en las bandas de octava con frecuencia central de de 500, 1000 y 2000 Hz. Igualmente existe el método de la interferencia de la comunicación oral (ICO), que correlaciona el ruido de fondo con la distancia y el nivel de presión sonora de la voz (normal, alta, casi gritando, gritando, y exclamación) (Fig. 2.11).

Dispositivos informativos táctiles

Generalmente se utilizan para identificar controles en lugares con baja iluminación, o cuando hay gran densidad de controles, o para personas con dificultades visuales graves.

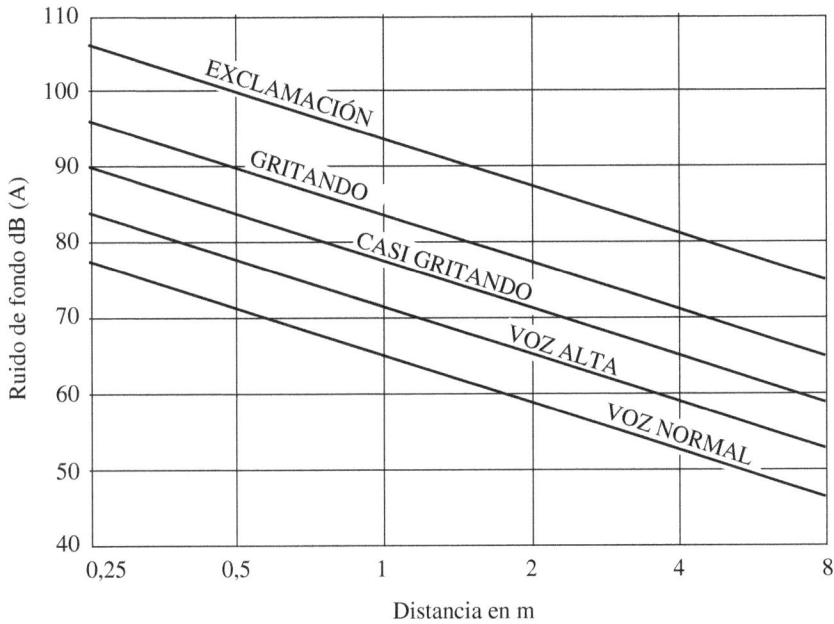

Fig. 2.11 Interferencia de la comunicación oral (ICO)

Debido a la redundacia del estímulo, son útiles para evitar errores de manipulación, su óptima selección ayuda a incrementar la fiabilidad del sistema. La forma debe guardar analogía con la función siempre que sea posible (Fig. 2.12).

Relaciones de control

El control de los sistemas es el objetivo final del usuario, todo sistema debe estar proyectado para que su fiabilidad esté dentro de los límites previstos, para ello se debe recibir la información codificada de tal forma que sea significativa y que las diferencias puedan ser captadas. A continuación se muestra un esquema muy simplificado de la operación de control (Fig.2.13).

Para poder ejercer una buena relación de control es necesario establecer previamente la secuencia de interacciones entre las relaciones dimensionales y las relaciones informativas; una vez analizadas éstas y su interacción, estableceremos el tipo y calidad de relación de control que debemos aplicar al sistema.

Las funciones básicas que deben cumplir los controles son:

1   Activar y desactivar (interruptor de luz).

2   Fijación de valores discretos (selector de velocidades de una batidora).

Clase A. Mandos de rotación múltiple

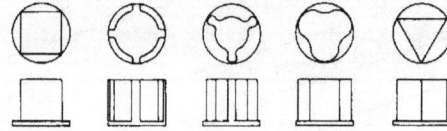

Clase B. Mandos de rotación fraccional

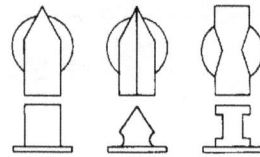

Clase C. Mandos de posición de retén

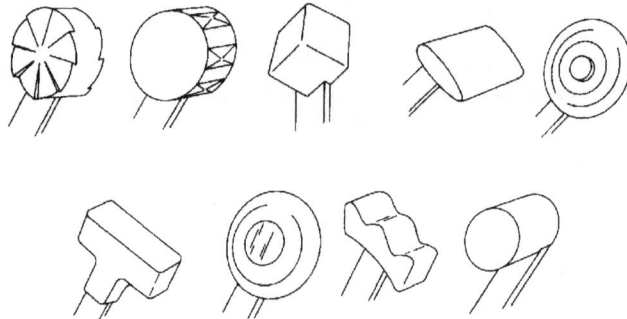

Mandos de forma codificada y estandarizada que emplean los aviones de la United States Air Force.

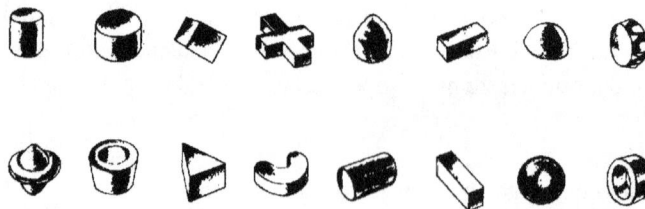

Serie de mandos para palancas distinguibles por el solo tacto. Las formas de cada serie rara vez se confunden con las de la otra.

Fig. 2.12 Ejemplos de dispositivos informativos táctiles según diferentes autores.

3　Fijación de valores continuos (control de volumen de una radio).

4　Control ininterrumpido (volante del coche).

5　Entrada de datos (teclado).

1. CONCEPCIÓN DE LA META
2. SELECCIÓN DE LA META
3. PROGRAMACIÓN
4. EJECUCIÓN DEL PROGRAMA

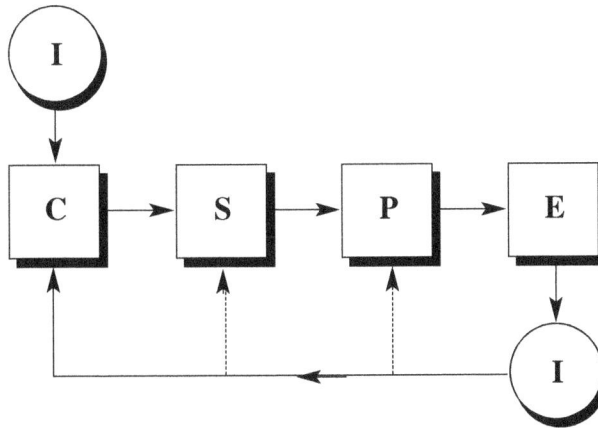

Fig. 2.13 Etapas de la función de control

Tipos básicos de controles

Los diferentes tipos de controles con frecuencia aparecen mezclados entre sí en el puesto de trabajo, o integrados en un mismo control; de todas formas una clasificación básica de los mismos puede ser la siguiente:

1　Botón pulsador manual: es el control más simple y más rápido. Se utiliza para activar y desactivar, tanto para situaciones habituales como para casos de emergencia (Fig. 2.14).

2　Botón pulsador de pie: se utiliza para situaciones similares al anterior, cuando las manos están muy ocupadas; no posee la misma precisión, ni la misma velocidad que los de mano (Fig. 2.15).

3　Interruptor de palanca: se utiliza en operaciones que requieren alta velocidad y puede ser de dos o tres posiciones (Fig. 2.16).

Botón pulsador tipo champiñón		ø > 40 deseable 70-80
Botón pulsador emergente con una posición de reposo	L ó ø	L ó ø > 20
Botón pulsador sobresaliente o de tecla	L ó ø	Botón pulsador: L ó ø > 20 Tecla de teclado: L ó ø > 12

Fig. 2.14 Botón pulsador manual

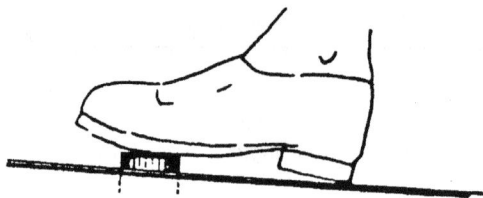

Fig. 2.15 Botón pulsador de pie

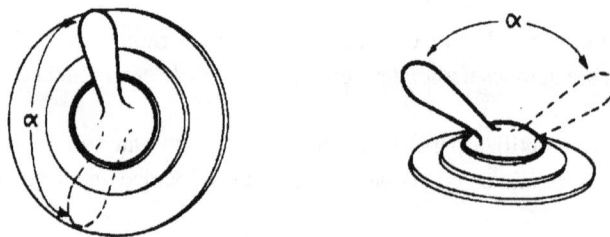

Fig. 2.16 Interruptores de palanca

4   Selector rotativo: pueden ser de escala móvil (a) y escala fija (b); en este último el tiempo de
    selección y los errores cometidos son menos (del orden de la mitad) que cuando se utilizan
    escalas móviles; pueden ser de valores discretos o de valores continuos, siendo más precisos los
    de valores discretos (Fig. 2.17).

5   Perilla: son selectores rotativos sin escala, ya que el usuario recibe la información del estado del
    sistema mediante otros dispositivos (el dial de la radio), o directamente (el volumen del sonido de
    la radio) (Fig. 2.18).

6   Volante de mano y manivelas: se utilizan para abrir y cerrar válvulas que no requieren excesiva
    fuerza, para desplazar piezas sobre bancadas, etc..., las manivelas pueden asociarse con los
    volantes de mano; en el volante de mano el diámetro dependerá de las dimensiones de la mano y
    de la relación C/D que se precise, aunque diámetros comprendidos entre 15 y 20 cm suelen ser
    válidos para muchas operaciones. La longitud de las manivelas estará en función de la fuerza que
    se requiera aplicar (Fig. 2.19).

Fig. 2.17 Selector rotativo

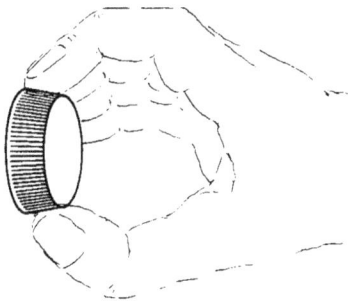

Fig. 2.18 Perilla

Fig. 2.19 Manivela y volante de mano con manivela

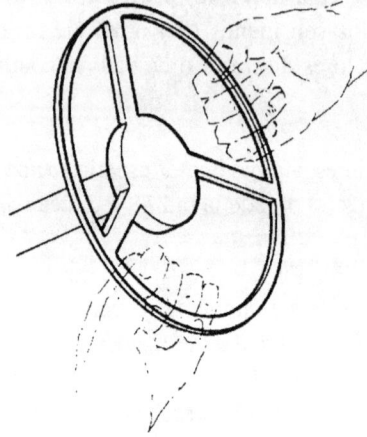

Fig. 2.20 Volante

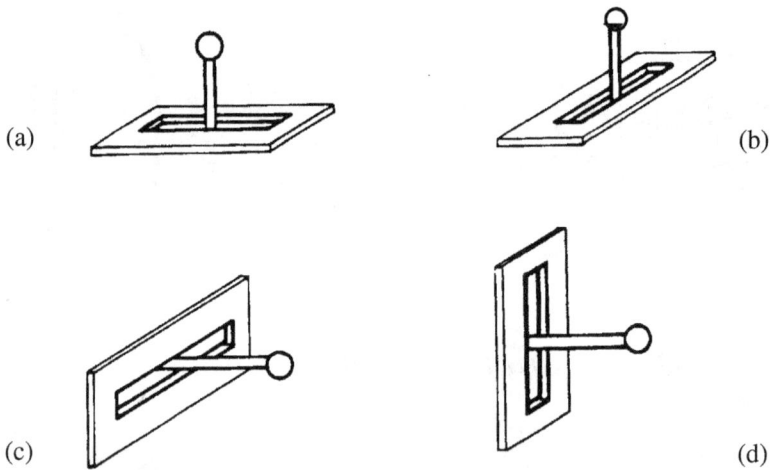

(a)   (b)

(c)   (d)

Fig. 2.21 Palancas

7   Volantes: Se utilizan tanto para control ininterrumpido (automóvil) como valores continuos (hormigoneras). Su diámetro depende de la fuerza, de la velocidad de accionamiento y de la antropometría (Fig. 2.20).

8   Palancas: la longitud estará en función de la fuerza a desarrollar y de la estrofosfera del puesto. Admiten rapidez pero son poco precisas (Fig. 2.21).

9   Pedales: existe una gran variedad, el diseño del pedal depende de su función, de la relación C/D, de la situación, del ángulo que forma el pie con la tibia y del esfuerzo que se estima necesario para su accionamiento. No debemos olvidar que algunas de estas variables están interrelacionadas (Fig. 2.22).

10 Teclado: se utiliza para entrada de datos, es rápido (Fig. 2.23).

11 Ratón: posee una o más teclas y constituye un sistema que es desplazado de acuerdo con las necesidades del usuario; se debe vigilar su compatibilidad espacial, su velocidad, su precisión y la adaptabilidad a la mano (zurdos y diestros) (Fig. 2.24).

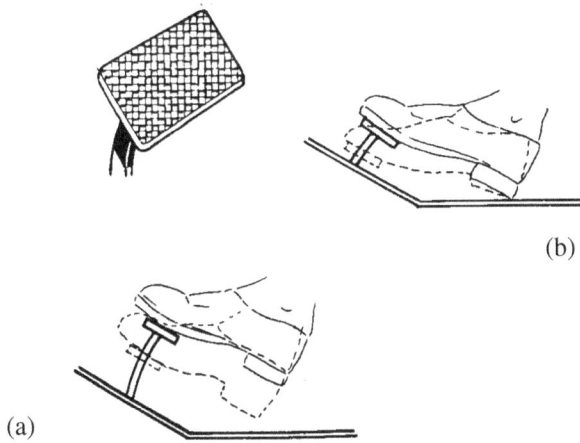

(b)

(a)

Fig. 2.22 Pedales

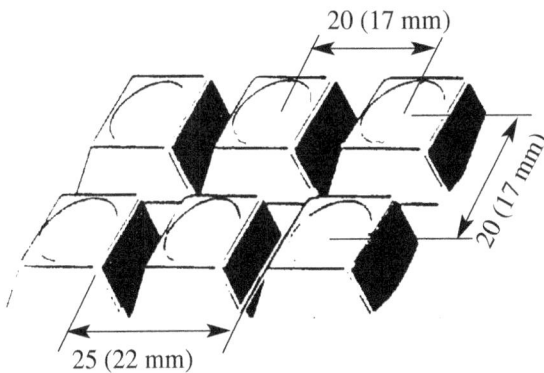

20 (17 mm)

20 (17 mm)

25 (22 mm)

Fig. 2.23 Teclado

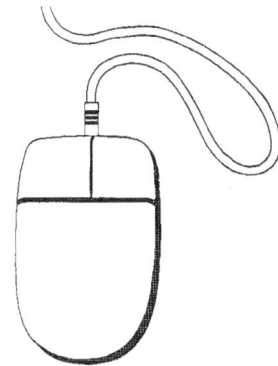

Fig. 2.24 Ratón

Reglas para la selección y ubicación de controles

1   Distribuir los controles para que ninguna extremidad se sobrecargue. Los controles que requieren ajuste rápido y preciso se deben asignar a las manos. Los que requieran aplicaciones de fuerzas (empujando) grandes y continuas se deben asignar a los pies. A las manos se les pueden destinar una gran cantidad y variedad de controles siempre que no requieran operación simultánea, pero a cada pie sólo debe asignarse uno o dos controles con empuje frontal o flexión del tobillo.

2   Seleccionar, ubicar y orientar los controles de forma compatible con los dispositivos informativos, componentes del equipo o vehículo asociado.

3   Seleccionar controles multirrotativos cuando se requiera un ajuste preciso en un amplio intervalo de ajuste, ya que los lineales están limitados por la amplitud del movimiento. Con el control rotativo se puede lograr cualquier grado de precisión, aunque el tiempo de operación puede verse afectado.

4   Seleccionar controles de ajustes discretos por pasos con retención, o botoneras cuando la variable de control se pueda ajustar a valores discretos (sólo se requiere un número limitado de posiciones), o cuando la precisión permita que todo el espectro se puede representar por un número limitado de posiciones.

5   Seleccionar controles de ajustes continuos cuando se necesite precisión o más de 24 ajustes discretos. Los ajustes continuos requieren mayor atención y tiempo.

7   Seleccionar controles que sean fácilmente identificables normalizando sus ubicaciones. Todos los controles críticos o de emergencia deben identificarse visualmente y por el tacto. La identificación no debe dificultar la manipulación del control ni provocar una activación accidental.

8   Combinar los controles relacionados funcionalmente para facilitar la operación simultánea o en secuencia, o para economizar espacio en el panel de mando.

INFORMACION BASICA Y NECESARIA PARA SELECCIONAR Y/O DISEÑAR CONTROLES:

1.   LA FUNCION DEL CONTROL

2.   LOS REQUERIMIENTOS DE LA TAREA DE CONTROL

3.   LAS NECESIDADES INFORMATIVAS DEL CONTROLADOR

4.   LOS REQUERIMIENTOS IMPUESTOS POR EL PUESTO DE TRABAJO

5.   LAS CONSECUENCIAS DE UN ACCIONAMIENTO ACCIDENTAL

Fig. 2.25 Selección y diseño de controles

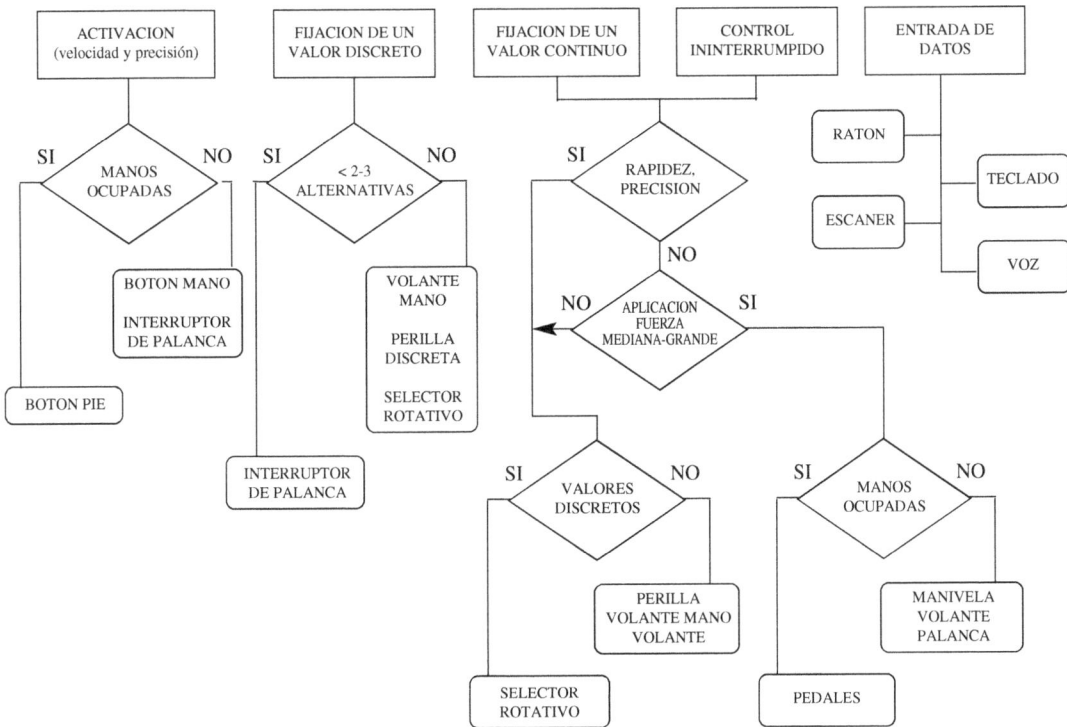

Fig. 2.26 Diagrama de bloques para la ayuda en la toma de decisión en la selección de controles.

Compatibilidad

Definimos la compatibilidad como la armonía que se debe establecer entre los elementos de un sistema con el fin de obtener una respuesta adecuada a las expectativas de la mayoría de los usuarios.

Existen cuatro tipos de compatibilidad: la compatibilidad espacial en lo referente a las características físicas y la disposición en el espacio de los elementos; la compatibilidad de movimiento en relación al sentido del movimiento; la compatibilidad conceptual de las representaciones cognitivas, algunas veces con marcado acento cultural, que poseen los usuarios sobre el significado de la información; y la compatibilidad temporal que relaciona los tiempos de los distintos elementos del sistema.

En la búsqueda por compatibilizar los dispositivos informativos y los controles con los operarios, y con el objetivo de optimizar el proceso debemos atenernos a estas ideas básicas, y considerar los cuatro grados de compatibilidad. La utilización de los principios de compatibilidad permiten:

1   Un aprendizaje y entrenamiento más rápidos.

2   Menor riesgo de accidentes.

3   Mejores repuestas ante situaciones de fatiga y sobrecarga.

4   Más rapidez y precisión en el control.

Compatibilidad espacial

Para este tipo de compatibilidad, que otros autores denominan geométrica, se ha demostrado experimentalmente que cuando existe una correspondencia homotética entre indicadores y controles disminuye el número de errores y el tiempo de respuesta. Diferentes experimentos ya han demostrado que las personas poseen esquemas espaciales muy concretos. En las figuras 2.27 y 2.28 se pueden observar ejemplos elocuentes.

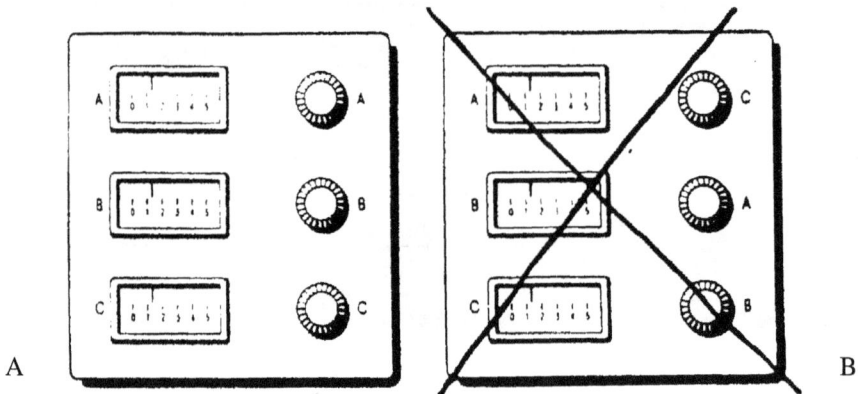

Fig. 2.27 a) Existe compatibildad espacial b) No existe compatibilidad espacial.

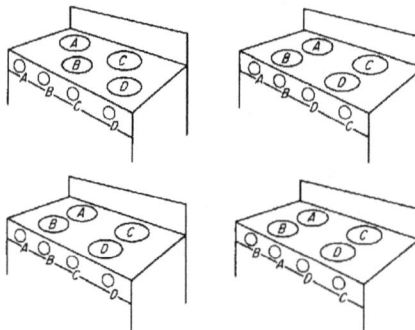

Fig. 2.28 En estas cuatro cocinas se pueden analizar situaciones de incompatibilidad espacial (McCormick).

Compatibilidad de movimiento

Al accionar un control para "responder" a la información emitida por un indicador, el sujeto debe realizar un movimiento sobre dicho control. Se ha demostrado que ese movimiento, para que la respuesta sea correcta, debe ser compatible con la información del *display*, con el propio usuario y con el funcionamiento del sistema.

Por otra parte, los movimientos de los indicadores y controles también influyen en la compatibilidad:

1   El indicador debe girar en el mismo sentido que el mando.

2   Los valores de la escala deben aumentar de izquierda a derecha, o de abajo hacia arriba, o en el sentido de las agujas del reloj, tal como se muestra en la figura 2.29.

Fig. 2.29 Compatibilidad de movimiento

Compatibilidad cultural

Las personas poseen referencias culturales que ponen en funcionamiento ante determinados estímulos, por ejemplo: el color rojo para parar, peligro..., si cambiamos la referencia estamos introduciendo en el sistema una posibilidad de error.
La compatibilidad conceptual no sólo se restringe a los colores, ya que el movimiento en el sentido horario, o la lectura izquierda-derecha, de abajo-arriba (del ejemplo anterior), también son un problema de compatibilidad cultural.

Se debe tener un especial cuidado en el diseño de productos transculturales, ya que el diseño que se tome como modelo de funcionamiento sólo de nuestros esquemas culturales, puede ser fuente de errores cuando este objeto se implemente en otras culturas (Fig. 2.30).

Fig. 2.30 ¿Qué significado le da usted a esta información?

Compatibilidad temporal

Los sistemas están compuestos por elementos que, en algunos casos, mantienen unas referencias temporales críticas, el no respetar la secuencia, las cadencias, las tolerancias horarias puede llevar a invalidar el sistema o ser fuente de error, avería o accidente.

Por ejemplo, un dispositivo informativo que exija una respuesta más rápida que la factible, un dispositivo informativo cuya velocidad angular sea superior a la de percepción del operario, una cadencia de alimentación de la máquina superior a las capacidades motrices de los trabajadores, una línea de montaje muy rápida o muy lenta, un semáforo que no dé tiempo a un peatón a cruzar la calle, etc... son buenos ejemplos de incompatibilidades temporales.

Relación control/dispositivo (C/D)

Se define como relación control/dispositivo o control/*display* (C/D) a la velocidad de respuesta del *display* respecto al control o al movimiento de uno respecto del otro. El C/D también indica el nivel de sensibilidad del control. Si en un control de palanca se efectúa un pequeño giro y el *display* responde con un recorrido grande, la sensibilidad será alta. Cuanto mayor sea C/D menor será la sensibilidad.

Para palancas y *displays* lineales:
$$C/D = (2a \times L) / Rd \times 360$$

siendo,
a = desplazamiento de la palanca en grados sexagesimales
L = longitud de la palanca en milímetros
Rd = recorrido del indicador del display en milímetros

Para botón giratorio:
$$C/D = 1 / (Rd/Rev)$$
siendo,

Rd = Recorrido del indicador del display en milímetros
Rev = vueltas del botón giratorio

El tiempo y el movimiento de ajuste del control puede descomponerse en dos fases:

1 Tiempo o movimiento de ajuste basto o grueso (movimiento de aproximación).

2 Tiempo o movimiento de ajuste fino.

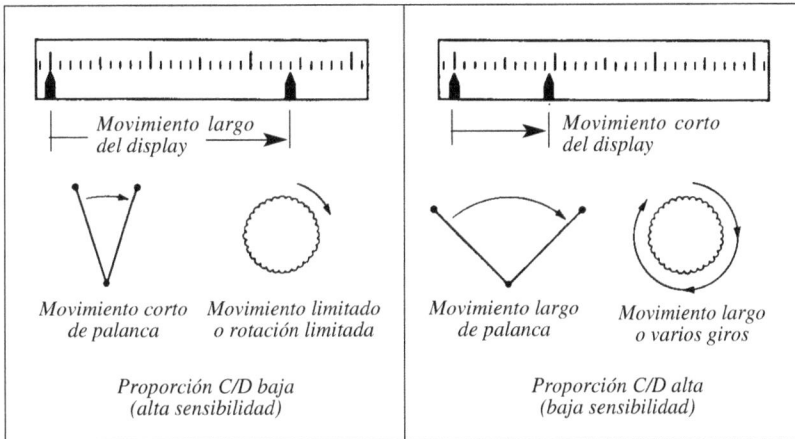

Fig. 2.31 Dos ejemplos de relaciones C/D

Por regla general, los sujetos realizan estos dos movimientos: el primero de aproximación será rápido al accionar un control; el segundo, de ajuste, suele ser más lento y se realiza por tanteo (Fig. 2.32).

En los controles con C/D baja, el tiempo de aproximación será breve pero el de ajuste fino es más complicado. La optimización de estos dos tiempos es difícil; por ello, cuando la frecuencia de actuación es elevada y se necesita una gran precisión, es recomendable sustituir este tipo de control por otros de sensibilidad progresivamente menor.

Para seleccionar el C/D óptimo se requiere tener en cuenta el tipo de control, la tolerancia o precisión requerida y el retraso entre control y dispositivo.

Accionamiento accidental de controles

En el Boeing 737 en Kegworth el piloto, ante la señal de avería en uno de sus motores, decidió actuar, pero fatalmente confundió el mando y actuó sobre el que estaba funcionando correctamente; el accionamiento accidental de controles debe ser analizado en la fase de diseño para evitar situaciones de riesgo.

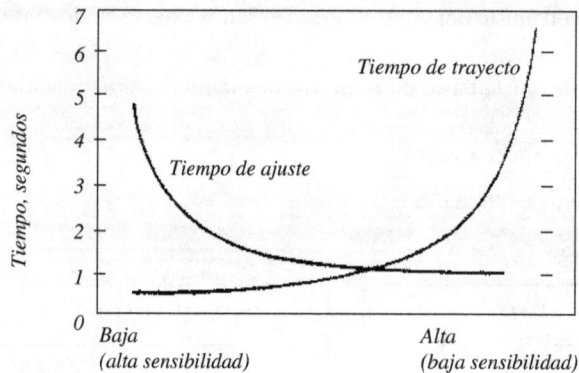

Fig. 2.32   Relación entre C/D y el tiempo de movimiento (tiempo de movimiento igual al tiempo de trayecto más el tiempo de ajuste).

Existen determinadas medidas para evitar estas situaciones:

1   Identificación del control: forma, color, tamaño, textura, métodos operacionales, etc..

2   Aplicación de los principios de compatibilidad.

3   Ubicación fuera del alcance accidental.

4   Orientación de su accionamiento (compatibilidad de movimiento).

5   Protección (recubrimiento, ubicación, enclaustramiento, empotramiento).

6   Sensibilidad adecuada (resistencia que ofrece el control al accionamiento).

7   Trabazón (retén).

Identificación de controles

En muchas ocasiones es fundamental la identificación de controles para accionar el necesario. Por regla general, y cuando el movimiento se hace sin mirar los controles, van a influir de forma importante el aprendizaje y la pericia, el tacto (forma y textura), esfuerzo, movimiento, disposición y *displays* de comprobación. En algunos casos, y si ello es posible, se puede disponer un recorrido en vacío de los controles, pero con diferentes niveles de esfuerzo a ejercer por el operario. La dirección del movimiento de controles puede, en este caso, servir de identificación, pero se debe tener en cuenta la compatibilidad.

Se ha comprobado que para interruptores colocados en un plano vertical, es suficiente una separación de 13 cm entre ellos para evitar errores. Si están situados en un plano horizontal dicha distancia será de 20 cm. En algunas ocasiones se pueden colocar displays cualitativos dentro del campo visual del operador, o auditivos que le concreten o señalicen el control sobre el que comienza a actuarse. En este caso también es conveniente la existencia de un recorrido en vacío, en el cual actúa el indicador.

El color está indicado en la distinción de controles cuando están dentro del campo visual. Si la iluminación es tenue, o debe serlo, los controles tendrán iluminación localizada. Asimismo, puede ser útil la utilización de señales o inscripciones.

Ordenadores personales

La pantalla del ordenador es un dispositivo informativo de características propias, ya que el operador se enfrenta, al menos, al unísono a tres tareas visuales:

1 Lectura de la pantalla

2 Lectura de documentos

3 Lectura del teclado

El contraste entre las imágenes y textos en la pantalla sobre su fondo puede estar afectado por los reflejos de distintas fuentes de luz, si el ordenador no ha estado bien situado, además de poder llegar a producir deslumbramientos. Esta luz indeseable puede provenir de ventanas situadas detrás del operador, de las instalaciones del alumbrado del local y puede afectar también al teclado y a los documentos, estos reflejos indeseables provocan errores y molestias al operador.

Generalmente el tiempo de permanencia frente al ordenador es largo y frecuente, y el cambio continuado de enfoque debido a la variación de la distancia visual sobre los objetos observados (pantalla, documento, teclado) obliga a un proceso constante de acomodación del cristalino y de funcionamiento de los mecanismo de adaptación, debido a la variación del brillo de estos objetos; si para evitar esta diferencia tan notable entre los brillos de la pantallla y del papel se utilizase el fondo blanco en la pantalla nos encontraríamos con el fenómeno del centelleo, posiblemente más molesto aún, cuando su frecuencia es inferior a la frecuencia crítica de fusión retiniana.

Se recomienda un nivel de iluminación de 500 lux sobre los documentos y el teclado, y una relación de brillos entre los caracteres y el fondo de pantalla de 6:1, mientras que la luminancia del fondo de la pantalla no debe ser inferior a 10 candelas/m^2.

Las pantallas deben situarse lejos de la luz del día y, si fuese posible, paralelas a dicha fuente, jamás frente a ventanas abiertas que deslumbrarían al operador, y tampoco con ventanas abiertas a las espaldas de éste.

Las luminarias del local no deben provocar reflexiones sobre el teclado, la pantalla ni el papel.

Conclusiones

En ocasiones la velocidad de respuesta resulta crítica, por lo que es necesario tenerla en cuenta en el diseño del sistema H-M. Para ello hay que considerar el tiempo de reacción de los posibles operadores y con objeto de minimizar este tiempo debemos considerar los siguientes factores:

1   Sentido utilizado (vista, oído, tacto)

2   Características de la señal

3   Ubicación de la señal

4   Frecuencia de aparición de la señal

5   Señal de prevención

6   Carga de trabajo

7   Requerimientos de la respuesta

8   Diferencias individuales.

En consecuencia la reducción del tiempo de respuesta se puede lograr:

1   Empleando los sentidos que poseen un menor tiempo de reacción

2   Presentando el estímulo en forma clara

3   Utilizando varios estímulos simultáneamente (luz y sonido)

4   Minimizando el número de alternativas de respuesta

5   Utilizando un aviso previo

6   Usando controles de mano

7   Empleando mandos sencillos

8   Entrenando al individuo.

3 Relaciones dimensionales

Antropometría

La antropometría es la disciplina que describe las diferencias cuantitativas de las medidas del cuerpo humano, estudia las dimensiones tomando como referencia distintas estructuras anatómicas, y sirve de herramienta a la ergonomía con objeto de adaptar el entorno a las personas.

Cuando hablamos de antropometría acostumbramos a diferenciar la antropometría estática, que mide las diferencias estructurales del cuerpo humano, en diferentes posiciones, sin movimiento, de la antropometría dinámica, que considera las posiciones resultantes del movimiento, ésta va ligada a la biomecánica.

La biomecánica aplica las leyes de la mecánica a las estructuras del aparato locomotor, ya que el ser humano está formado por palancas (huesos), tensores (tendones), muelles (músculos), elementos de rotación (articulaciones), etc., que cumplen muchas de las leyes de la mecánica. La biomecánica permite analizar los distintos elementos que intervienen en el desarrollo de los movimientos.

La búsqueda de la adaptación física, o interfaz, entre el cuerpo humano en actividad y los diversos componentes del espacio que lo rodeano, es la esencia a la que pretende responder la antropometría.

Se debe advertir, antes de continuar, que los resultados obtenidos después de un estudio antropométrico deben aplicarse con criterios amplios y razonables. La persona "media" no existe, ya que aunque alguna de sus medidas corresponda con la media de la población, es seguro que no ocurrirá esto con el resto. En una revisión de personal efectuada en Air Force (USA), se comprobó que de 4.000 sujetos, ninguno se encontraba en el intervalo del 30% de la media en una serie de 10 mediciones. Se ha generalizado en exceso el concepto de la persona estándar, hasta tal punto que hay autores que a partir de la estatura de la persona son capaces de determinar todas las demás dimensiones del cuerpo, tal como se muestra en la figura 3.1; como puede comprenderse esto es una ficción, que conduce inevitablemente a diseño de puestos de actividad erróneos.

Los diseños realizados deben contrastarse con la realidad y, al analizar el tipo de población destinataria del diseño, se podrá adoptar un criterio amplio, cuando nuestra población de referencia sea una gran cantidad de personas con unas desviaciones considerables, o específicos, si el destinatario pertenece a un sesgo poblacional, o respondemos a un usuario concreto.

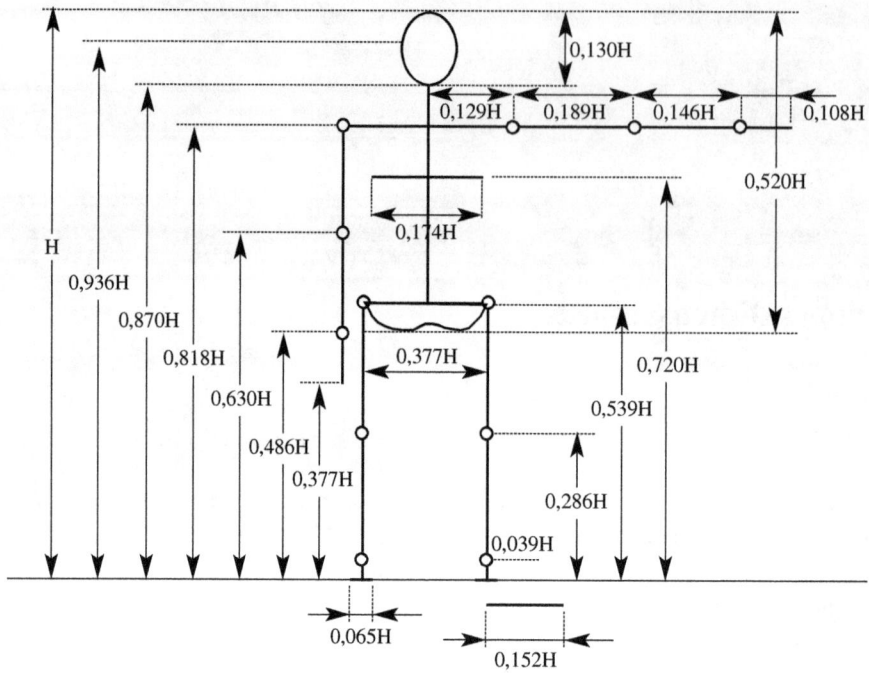

Fig. 3.1 Determinación errónea de las dimensiones del cuerpo humano a partir de la estatura.

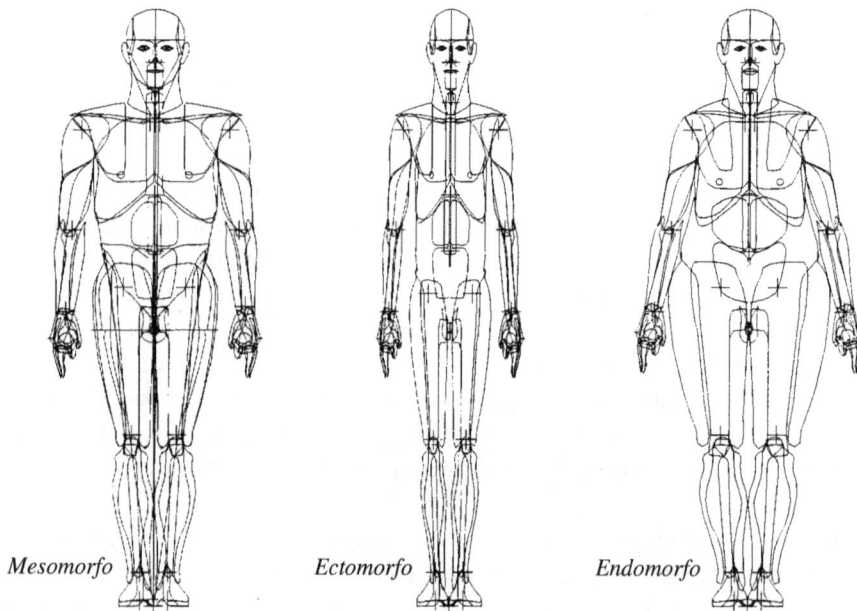

Mesomorfo   Ectomorfo   Endomorfo

Fig. 3.2 Clasificación usual de los tipos estructurales de personas. Según Sheldon.

Relaciones dimensionales del sistema P-M

Bienestar, salud, productividad, calidad, satisfacción en el puesto de trabajo, etc., lo proporcionan, en gran medida, las relaciones dimensionales armónicas entre el hombre y su área de actividad.

Un par de zapatos incómodo irrita y daña el pie hasta que decidimos abandonarlo; un puesto de trabajo incómodo irrita, daña y no lo podemos abandonar. Incluso, en muchas ocasiones, no tenemos consciencia de su mal diseño. Es algo perjudicial que, abnegadamente, se soporta día a día, durante la jornada laboral y que acostumbra a aparecer enmascarado como absentismo, accidente, baja productividad, mala calidad de los productos, o en el mejor de los casos provoca desinterés por la tarea.

Un principio ergonómico es adaptar la actividad a las capacidades y limitaciones de los usuarios, y no a la inversa como suele ocurrir con mucha frecuencia. Al menos una tercera parte de nuestro día lo dedicamos al trabajo y el resto del tiempo a trasladarnos, a realizar actividades en nuestro hogar, o en el teatro, etc. Estamos formando parte de sistemas P-M cuyas relaciones dimensionales muchas veces no son las adecuadas.

La producción masiva ha estimulado el diseño de útiles y espacios de actividad ergonómicos en todos los aspectos de la vida, pero hasta el momento no ha sido suficiente, la aplicación sistemática de la ergonomía debe producir una adaptación conveniente de las máquinas a las personas.

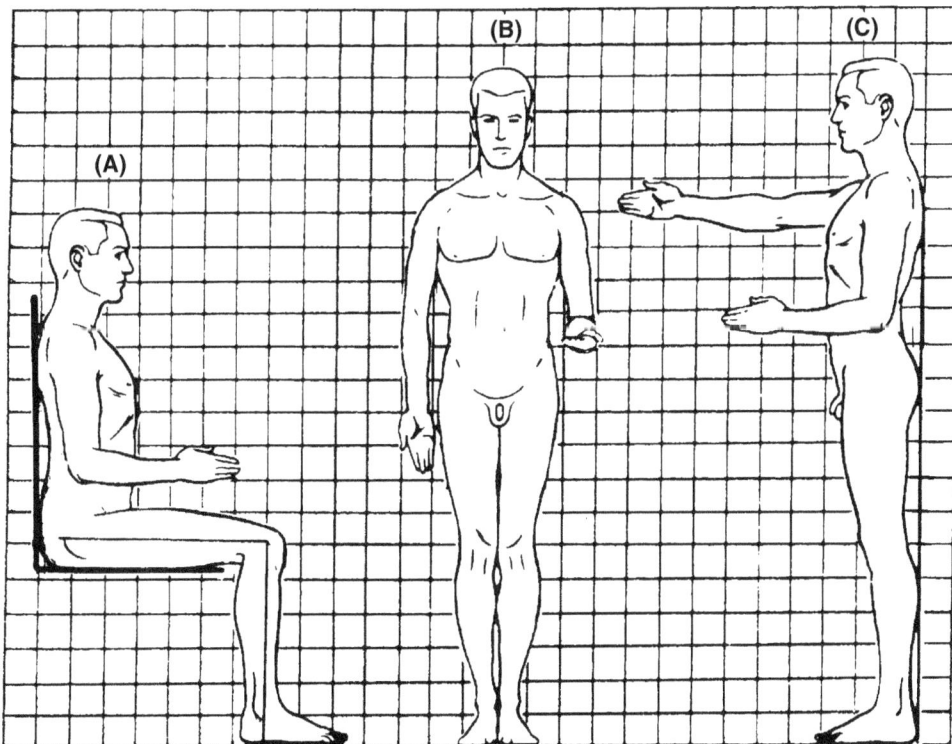

Fig. 3.3 Posiciones básicas para la toma de medidas antropométricas.

Medidas antropométricas

Las medidas que debemos poseer de la población dependerán de la aplicación funcional que le queramos dar a las mismas; partiendo del diseño de lugares de trabajo existe un número mínimo de dimensiones relevantes que debemos conocer (figuras 3.4 y 3.5).

Debido a las especiales características de los estudios antropométricos, se debe analizar con mucho rigor el tipo de medidas a tomar y el error admisible, ya que la precisión y el número total de medidas guarda relación con la posibilidad de viabilidad económica del estudio. Si dejamos de considerar alguna medida relevante, o exigimos una precisión exagerada, la limitación económica hará prácticamente imposible la realización o la replicación del estudio.

Una vez determinada la población y clasificándola según los objetivos, se deberán analizar las medidas que se crean oportunas. Toda organización debería tener recogidas, en opinión de los autores, al menos, las siguientes medidas :

Medidas básicas para el diseño de Puestos de Trabajo

Posición sentado:

(AP)	Altura poplítea
(SP)	Distancia sacro-poplítea
(SR)	Distancia sacro-rótula
(MA)	Altura de muslo desde el asiento
(MS)	Altura del muslo desde el suelo
(CA)	Altura del codo desde el asiento
(AmínB)	Alcance mínimo del brazo
(AmáxB)	Alcance máximo del brazo
(AOs)	Altura de los ojos desde el suelo
(ACs)	Anchura de caderas sentado
(CC)	Anchura de codo a codo
(RP)	Distancia respaldo-pecho
(RA)	Distancia respaldo-abdomen

Posición de pie:

(E)	Estatura
(CSp)	Altura de codos de pie
(AOp)	Altura de ojos de pie
(Anhh)	Ancho de hombro a hombro

(Fig. 3.4 y Fig. 3.5)

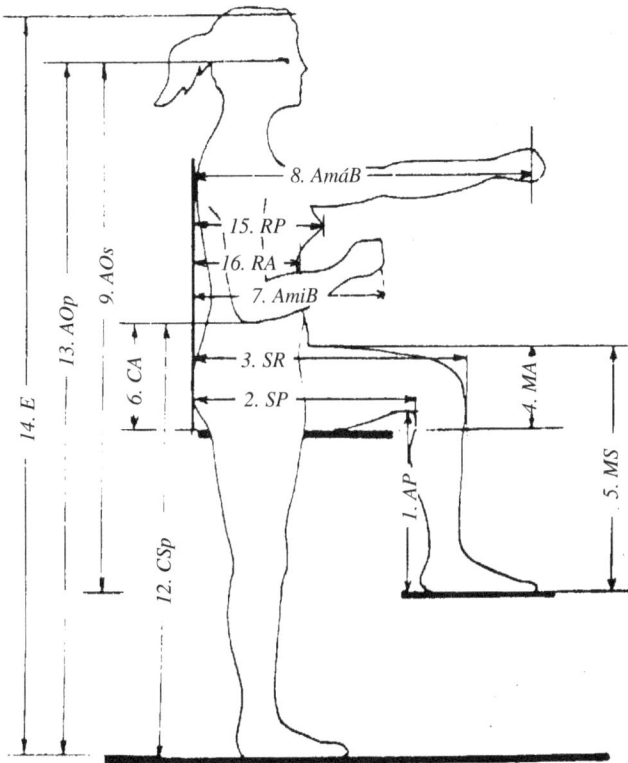

Fig. 3.4 *Dimensiones antropométricas relevantes para el diseño de puestos de trabajo. Vista de perfil.*

Fig. 3.5 *Vista frontal*

Medidas adicionales

Serán todas aquellas que se precisen para un objetivo concreto; aquí aparecerían seleccionadas las más usuales: longitud del antebrazo, longitud de la mano, longitud del pie, ancho de mano, ancho de pie, perímetro máximo de bíceps, perímetro del codo, perímetro máximo del antebrazo, espesor de la mano a nivel de la cabeza del tercer metacarpiano, ancho de dedos, etc...

El diseño ergonómico y la antropometría

A la hora de diseñar antropométricamente un mueble, una máquina, una herramienta, un puesto de trabajo con displays de variadas formas, controles, etc... podemos encontrar uno de estos tres supuestos.

1   Que el diseño sea para una persona específica.

2   Que sea para un grupo de personas.

3   Que sea para una población numerosa.

Análisis preliminar

Antes de acometer un estudio de las relaciones dimensionales de un sistema, es necesario analizar los métodos de trabajo que existen o existirán en el futuro; si los métodos no se consideran óptimos debemos rediseñarlos. La secuencia de actuación recomendada para el análisis es la siguiente:

1   Los métodos de trabajo que existen o existirán en el puesto.

2   Las posturas y movimientos, y su frecuencia.

3   Las fuerzas que deberá desarrollar.

4   Importancia y frecuencia de atención y manipulación de los dispositivos informativos y controles.

5   Ropas y equipos de uso personal.

6   Otras características específicas del puesto.

A partir de este análisis podemos conocer cuáles son las dimensiones relevantes que hay que considerar, y cuáles podemos obviar de nuestro análisis.

Existen reglas que permiten tomar decisiones sobre las relaciones de las distintas dimensiones del cuerpo humano y los objetos, con el fin de lograr una correcta compatibilidad . Por ejemplo, en una silla, el asiento debe estar a una altura del suelo que posibilite apoyar los pies cómodamente en él, dejando libre de presiones la región poplítea, situada entre la pantorrilla y el muslo, pues la circulación sanguínea se afecta cuando esto ocurre. Recordemos a los niños sentados en sillas de adultos: las piernas les cuelgan. En consecuencia la altura de la silla debe corresponder, o incluso ser ligeramente menor que la altura poplítea del sujeto sentado o, de lo contrario, se debe situar un apoyapiés.

Lo mismo ocurre con las demás dimensiones de la silla; la altura máxima del respaldo, si es rígido, no debe sobrepasar la altura subescapular en posición de sentado, y el respaldo debe permitir la acomodación del coxis sin presionarlo, por lo que resultará preferible que el respaldo comience a partir de la cintura hacia arriba.

En general, las sillas actuales tienen muchos disidentes y se han creado una gran variedad de modelos, algunos nada convencionales, para tratar de resolver las situación. A pesar de todo, la gente, cuando está cansada, se sienta. Lo ideal sería que, en su puesto de trabajo, el trabajador pudiera optar por la posición sentado o de pie, según el tipo de tarea que tiene que realizar y sus deseos del momento, tal como se indica en la figura 3.4. Para ello se puede diseñar una altura de asiento que permita mantener una altura de los ojos desde el suelo constante, esté de pie o sentado el operador.

Algo similar se debe hacer con el resto de las dimensiones relevantes de cada hombre para con su puesto de trabajo o con su área de actividad. Para las mediciones antropométricas existen metodologías que garantizan una homogeneidad necesaria y una precisión adecuada.

Para la correcta elección de la postura del operario debemos considerar diferentes parámetros, tales como: naturaleza del puesto, manipulación de cargas, movimientos, emplazamiento, movilidad, etc.... Con el árbol de decisiones de la figura 3.6 se pretende ofrecer una guía para la adecuada selección de la postura.

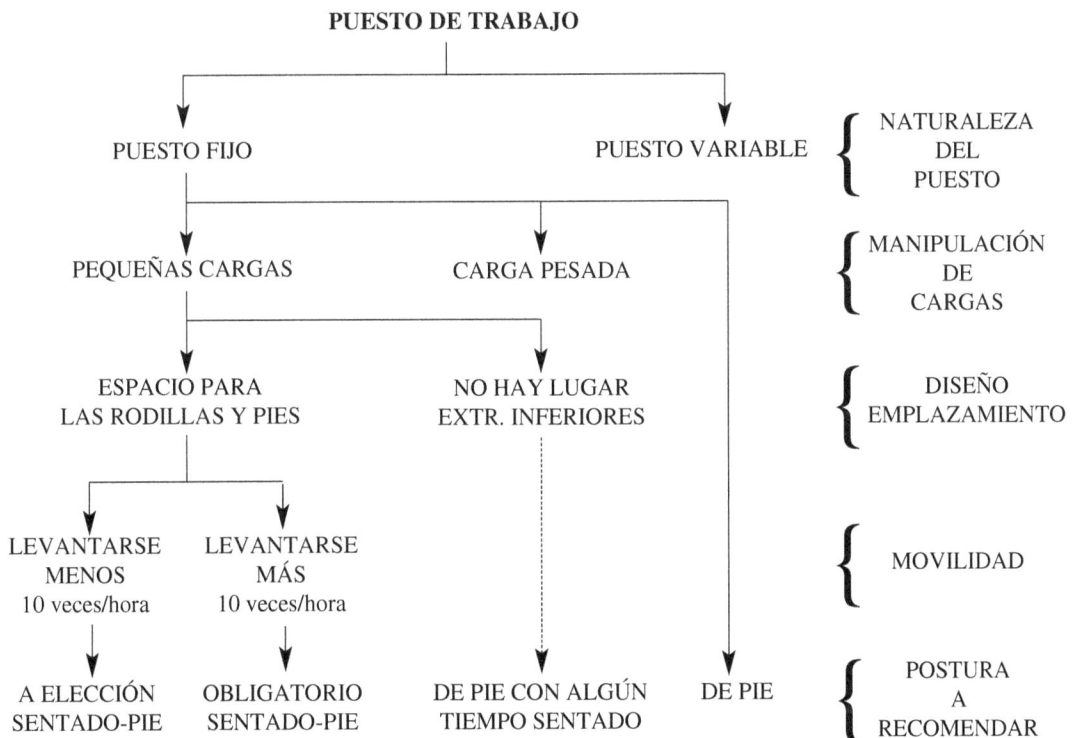

PUESTO DE TRABAJO

PUESTO FIJO	PUESTO VARIABLE	**NATURALEZA DEL PUESTO**
PEQUEÑAS CARGAS	CARGA PESADA	**MANIPULACIÓN DE CARGAS**
ESPACIO PARA LAS RODILLAS Y PIES	NO HAY LUGAR EXTR. INFERIORES	**DISEÑO EMPLAZAMIENTO**
LEVANTARSE MENOS 10 veces/hora — LEVANTARSE MÁS 10 veces/hora		**MOVILIDAD**
A ELECCIÓN SENTADO-PIE — OBLIGATORIO SENTADO-PIE — DE PIE CON ALGÚN TIEMPO SENTADO — DE PIE		**POSTURA A RECOMENDAR**

Fig. 3.6 Árbol de decisión para la elección de la postura de trabajo recomendada.

Diseño para una persona

Este caso es como hacer un traje a la medida; sería lo mejor, pero también lo más caro, y sólo estaría justificado en casos muy específicos. Aún así, cuando el diseño es individual, debemos actuar como los sastres o las modistas: tomamos las medidas antropométricas del sujeto.

Sin embargo, si este puesto debe ser utilizado por un grupo de personas, digamos 5, habrá que tener en cuenta a los cinco para hacer el diseño. Y si la población a ocupar el puesto es muy numerosa, por ejemplo, una cabina telefónica, las butacas de un teatro, o muebles domésticos que no se sabe quién los adquirirá, el asunto se complica aún más.

Diseño para un grupo poco numeroso y diseño para una población numerosa

Para abordar estos casos tenemos que hablar de los tres principios para el diseño antropométrico:

1   Principio del diseño para extremos.

2   Principio del diseño para un intervalo ajustable.

3   Principio del diseño para el promedio.

Principio del diseño para los extremos

Si tenemos que diseñar un puesto de trabajo para 5 personas, donde el alcance del brazo hacia delante (una panel de control) es una dimensión relevante, sin duda alguna tendremos que decidir esa distancia por el que tendría dificultades para alcanzar ese punto, es decir, de los 5, el que tiene un alcance menor. Así habremos diseñado para el mínimo y, de esta forma, los 5 alcanzarán el panel de control.

Esto se hace así, salvo cuando el mínimo ofrece un valor tan pequeño que ponga en crisis el diseño, o provoque incomodidades en los restantes trabajadores. En esos casos, debemos buscar soluciones ingeniosas que permitan el acceso a esa persona, y como última alternativa excluirla de ese puesto.

Pero supongamos que necesitamos decidir la altura de las puertas de un barco o de un submarino, sitios donde la economía de espacio es decisiva, o de una cabina telefónica. Ahora la decisión será la opuesta, pues los más altos son los que se romperán la frente si el diseño no los considera a ellos. En este caso es necesario diseñar para máximos.

Las preguntas que haya que hacerse para decidir entre mínimo y máximo son: ¿quiénes tendrán dificultades para acceder a ese lugar?, o ¿ para sentarse en esa silla?, o ¿para transportar ese peso?, etc....

Principio del diseño para un intervalo ajustable

Este es el caso de las sillas de los operadores de vídeoterminales, del sillón del dentista, del asiento del conductor, y del sillón de barbero, etc. En los casos del dentista y del barbero, el ajuste se efectúa para comodidad de éstos, y no de los clientes, a los cuales no les hace falta por disponer de apoyapiés.

Este diseño es el idóneo, porque el operario ajusta el objeto a su medida, a sus necesidades, pero es el más caro, por el mecanismo de ajuste. El objetivo es, en este caso, decidir los límites del intervalo. En la situación del ejemplo de los cinco hombres, la altura del asiento se regularía diseñando un intervalo de ajuste con un límite inferior para el de altura poplítea menor y un límite superior para el de altura poplítea mayor. Así los 5 podrían ajustar el asiento exactamente a sus necesidades.

Principio del diseño para el promedio

El promedio, generalmente, es un engaño, y más en ergonomía. Supóngase que 5 personas miden de estatura 195, 190, 150, 151 y 156 cm, cuyo promedio sería 168,4 cm. Si se diseña la puerta de un camarote de un barco para el promedio, dos de los hombres (195,190 cms) tendrán que encorvarse bastante o se golpearán la cabeza a menudo: ese diseño ha sido un fracaso. Sólo se utiliza en contadas situaciones, cuando la precisión de la dimensión tiene poca importancia o su frecuencia de uso es muy baja, siendo cualquier otra solución o muy costosa o técnicamente muy compleja.

Pero ya dijimos que la situación se complica cuando la población es numerosa, pues es imposible medirlos a todos. Para ellos se selecciona una muestra representativa de la población, que se debe determinar mediante la siguiente expresión, para que sea confiable estadísticamente:

$$n = Z^2_{\alpha/2} \ \sigma^2 / e^2$$

donde:

    σ desviación estándar

    $Z_{\alpha/2}$ porcentaje que dejamos fuera a cada lado del intervalo

    e   error admitido (precisión)

Cuando se cuenta con información estadística respecto a una población, debemos considerar que existen grandes diferencias antropométricas entre individuos por sexo, edad, etnia, nacionalidad, etc, por lo que las tablas de información antropométricas deben ser propias. Además, la información estadística envejece, porque la población cambia, lo cual quiere decir que a la hora de utilizar datos antropométricos no sólo debemos considerar el país, sino también la fecha de realización del estudio.

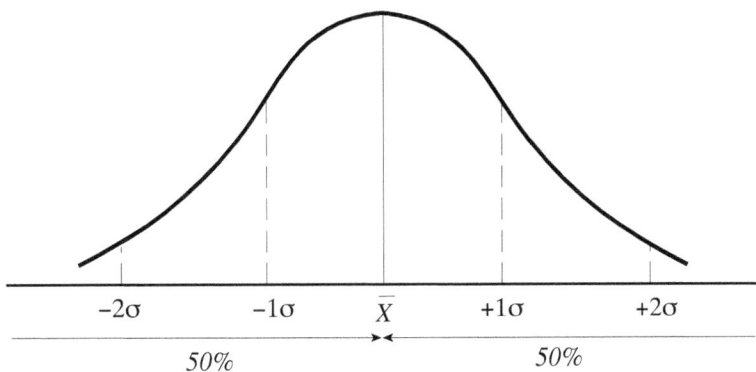

Fig. 3.7 Curva de distribución normal

Pero supongamos que disponemos de información actualizada de la población española y de la zona o región donde debemos diseñar. Hay algo que debemos saber: los datos antropométricos tienden a una distribución normal, la curva de Gauss está presente en la antropometría (Fig. 3.7). Esto facilita el trabajo. Conociendo la media y la desviación estándar de cada dimensión de la población, podemos hacer nuestros cálculos y tomar decisiones.

Supongamos que la media de las estaturas tiene un valor de $\overline{X} = 170$ cm y la desviación estándar $\sigma = 5$ cm.

Utilizando la expresión

$$P = \overline{X} \pm Z\sigma$$

donde

P   Será la medida del percentil en centímetros, o sea, el intervalo dónde se incluye el porcentaje de la población o de la muestra

Z   Es el número de veces que σ está separada de la media.

Determinemos qué medida tendría que tener la altura de las puertas de los camarotes de los submarinos para que que el 95% de la población no tuviese problemas de acceso. Como en este supuesto estamos diseñando para máximos (para el percentil 95), en la tabla siguiente, donde se muestran los percentiles más utilizados en diseño antropométrico y sus correspondientes Z, buscamos el valor de Z para este percentil:

P	Z
1 y 99	2,326
2,5 y 97,5	1,96
3 y 97	1,88
5 y 95	1,645
10 y 90	1,28
15 y 85	1,04
20 y 80	0,84
25 y 75	0,67
30 y 70	0,52
40 y 60	0,25
50	0

P_{95} ———— $Z = 1,645$

$P_{95} = 170 + 1,645 \times 5$
$P_{95} = 178,2$ cm

La puerta deberá tener 178,2 cm para que el 95% de la población pueda utilizar el acceso sin dificultad. Del percentil 95 en adelante tendrán problemas de acceso.

Imaginemos ahora que queremos diseñar la distancia entre el respaldo del asiento y el punto más alejado de un panel de control. Para ello deberemos considerar a los operarios de alcance de brazo menor, por ejemplo el percentil 10. Con una media de 70 cm y una σ de 2 cm. El resultado será:

$P_{10} = 70 - 1,282 \times 2$

$P_{10} = 67,4$ cm

Los operarios con un alcance máximo del brazo de 67,4 cm o más podrán utilizar el panel, y quedará un 10% de la población fuera del alcance, o que tendrá que realizar un sobreesfuerzo, lo que significa que el 90% de la población accederá a ese punto con facilidad.

Tabla 3.1 Algunas dimensiones antropométricas de una muestra de mujeres españolas.

Dim	Media	σ	P_1	P_5	P_{10}	P_{90}	P_{95}	P_{99}
			SENTADO					
1 AP	37,33	1,82	33,08	34,33	34,99	39,67	40,33	41,57
2 SP	47,47	2,06	42,68	44,08	44,83	50,11	50,86	52,27
3 SR	57,84	2,66	51,65	53,46	54,43	61,26	62,22	64,03
4 MA	13,54	1,78	9,40	10,61	11,26	15,83	16,48	17,69
5 MS	56,31	2,06	51,52	52,92	53,67	58,96	59,70	61,11
6 CA	21,71	2,20	16,59	18,09	18,91	24,53	25,33	26,83
7 AmiB	40,70	4,02	31,34	34,08	35,54	45,86	47,32	50,06
8 AmaB	68,20	2,73	61,86	63,72	64,71	71,69	72,68	74,54
9 AOs	112,30	3,15	105,00	107,10	108,20	116,30	117,50	119,60
10 ACs	39,94	3,77	31,18	33,74	35,11	44,77	46,14	48,71
11 CC	46,73	5,57	33,77	37,56	39,58	53,87	55,90	59,69
			DE PIE					
12 CSp	97,64	2,56	91,68	93,42	94,36	100,90	101,90	103,60
13 AOp	153,90	4,65	143,10	146,3	148,00	159,90	161,60	164,80
14 EST	163,30	4,21	153,60	156,40	158,00	168,70	170,30	173,10

Lo ideal sería poder incluir a toda la población, pero esto no es posible cuando es muy numerosa. Como se puede comprender la selección del percentil, generalmente, es prioritariamente una razón económica y en segundo lugar tecnológica.

En la tabla 3.1 se muestra, como ejemplo, con algunas dimensiones antropométricas de una muestra femenina española.

Antropometría y espacios de actividad

Una aplicación de la antropometría es determinar cuál es el espacio óptimo que un sujeto "domina" para realizar una serie de actividades. Se acostumbra a representar mediante mapas de las estrofosferas en planta, alzado y perfil de las máximas curvas de agarre (Fig. 3.8). En las figuras adjuntas se han sombreado las zonas de agarre en todas las posiciones posibles de las manos.

La figura 3.9 muestra las áreas de actividad en un plano horizontal suponiendo que el sujeto permanece con su tronco vertical. Como podemos ver por la figura, aparece un análisis de la superficie de trabajo que es activada con las manos.

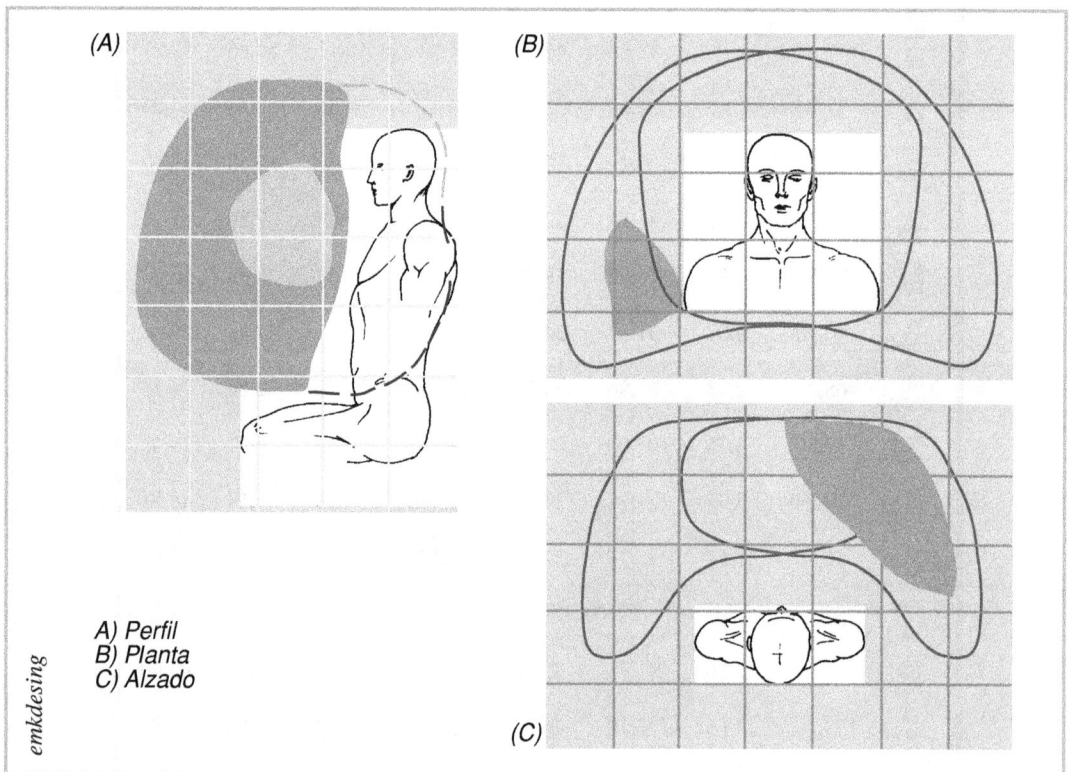

(A)

(B)

A) Perfil
B) Planta
C) Alzado

emkdesing

(C)

Fig. 3.8 Estrofosfera: A - B - C

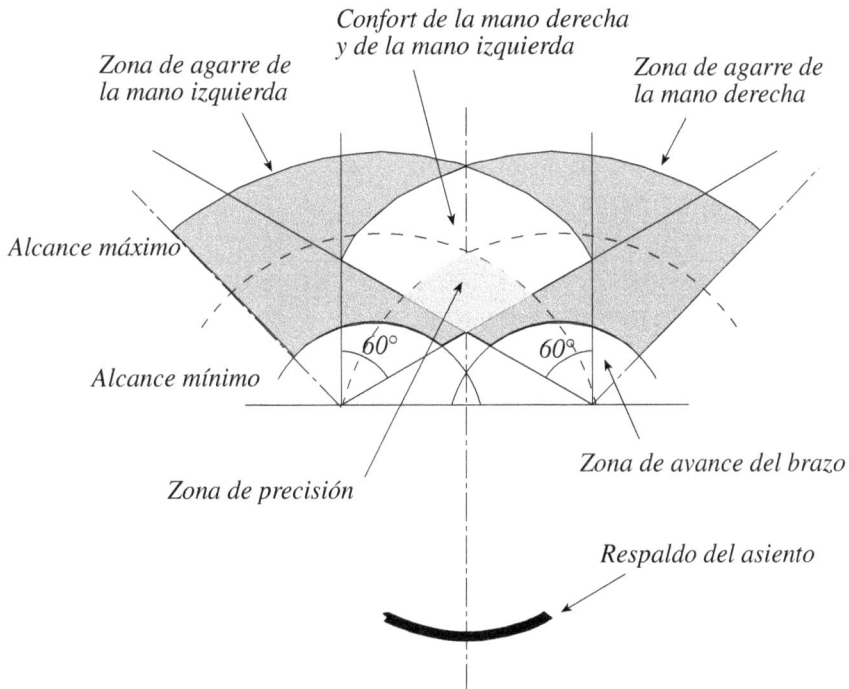

Fig. 3.9 Áreas de actividad en el plano de trabajo

Selección y diseños de asientos

Debido al elevado número de personas que permanecen sentadas al efectuar sus actividades, es necesario remarcar la importancia de un diseño y de un empleo óptimo de los asientos para que su uso no influya negativamente en la salud y bienestar de las personas.

Se ha comprobado que muchas afecciones de columna vertebral provienen de posturas inadecuadas o de utilizar asientos que favorecen la aparición de malformaciones en las personas.

A continuación se indican una serie de factores que deben tenerse en cuenta para diseñar óptimamente un asiento.

Distribución de presiones en el asiento

En la figura 3.10 se muestran las curvas de distribución de presiones en un asiento de una persona de 70 kilos según análisis de los autores. Otros estudios recomiendan la utilización de asientos neumáticos o semejantes que distribuyan uniformemente el peso.

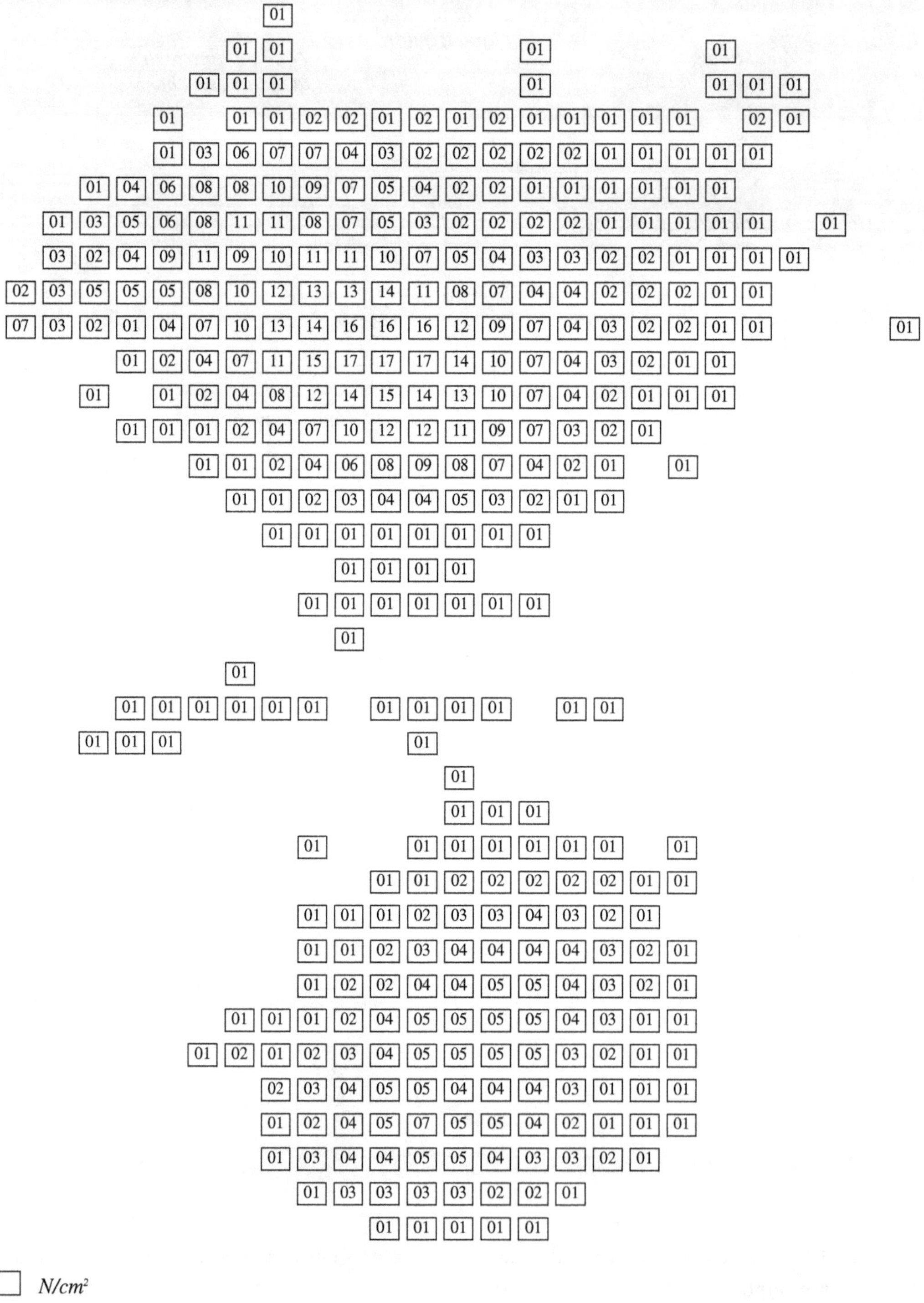

N/cm²

Fig. 3.10 Distribucción de presiones en un asiento de una persona de 70 kg, sin apoyo lumbar.

Altura del asiento

A ser posible deben ser regulables en alturas comprendidas, para población española, entre los 32 y 50 cm. La altura dependerá de las medidas de los sujetos pero se recomienda, para actividades prolongadas, que el pie apoye totalmente en el suelo, y que la rodilla forme un ángulo de 90° es decir, que se adopte como referencia la altura poplítea de cada sujeto.

Profundidad y anchura

La profundidad viene determinada por los mínimos de la longitud sacro-poplítea entre 40 y 45 cm, y la anchura por los máximos de la anchura de cadera, entre 40 y 50 cm; estas medidas corresponden a valores hallados por los autores en estudios realizados en una muestra de la población de Barcelona.

Respaldo

El respaldo debe suministrar soporte a la región lumbar; para sillas de oficina el plano medio del asiento no debe exceder un ángulo de tres grados (3°-5°) respecto de la horizontal, y el respaldo los cien grados (100°) respecto del asiento.

Apoyabrazos

Los apoyabrazos proporcionan diferentes funciones: por un lado ayudan a sentarse y levantarse, por otro ayudan a desplazar el asiento con comodidad, y permiten adoptar diferentes posturas en función de la tarea que se esté realizando.
La altura de los mismos está supeditada por la distancia del codo al asiento en posición de reposo.

Soporte y acolchamiento

La función principal es la distribución equilibrada de la presión que ejerce el cuerpo en una superficie (Fig. 3.10).
El soporte del asiento deberá ser estable y absorber la energía de impacto al sentarse. La silla se dotará de cinco apoyos para mejorar la estabilidad, y sus ruedas deberán tener cierta resistencia a marcharse rodando o, aún mejor, ser autobloqueables.

Aplicación del diseño antropométrico a las protecciones de las máquinas

Otro aspecto útil de la antropometría se centra en la protección de riesgos ante máquinas a las que los operarios deben acceder, manipular, o que están situadas en su entorno (Fig. 3.11).

La OIT, en su Reglamento tipo de seguridad para establecimientos industriales, ha fijado en 2,60 m la línea de demarcación por encima de la cual la seguridad de posición está asegurada.
Existen cuadros específicos que determinan la distancia del protector al elemento peligroso, en función de la distancia a este elemento, de la altura del protector, y de las medidas antropométricas.

El modo de medir la distancia del protector es importante. Esta distancia es la distancia horizontal entre el plano del protector y el elemento peligroso. La medida debe hacerse en el punto de contacto de la pieza peligrosa y de la curva de amplitud del gesto, que no tiene forzosamente que ser el punto de la pieza más próxima al plano del protector.

RIESGOS DE ORIGEN MECÁNICO. PROTECCIÓN POR ALEJAMIENTO
1. Para un movimiento a través de la abertura de un obstáculo

Parte del cuerpo	*Punta del dedo*	*1ª falange*	*Dedo*	*Mano*	*Brazo*
Tipo de obstáculo					
Abertura redonda o cuadrada					
Diámetro del círculo o diagonal del cuadrado (e)	$4 < e \leq 8$	$8 < e \leq 11.3$	$11,3 < e \leq 40$	$40 < e \leq 50$	$50 < e \leq 135$ *(1)*
Lado del cuadrado (c)	$2,8 < c \leq 5,6$	$5,6 < c \leq 8$	$8 < c \leq 28$	$28 < c \leq 35,5$	$35,3 < c \leq 95,5$
Distancia de seguridad (f)	$f > 5$	$f > 20$	$f > 120$	$f > 200$	$f > 850$

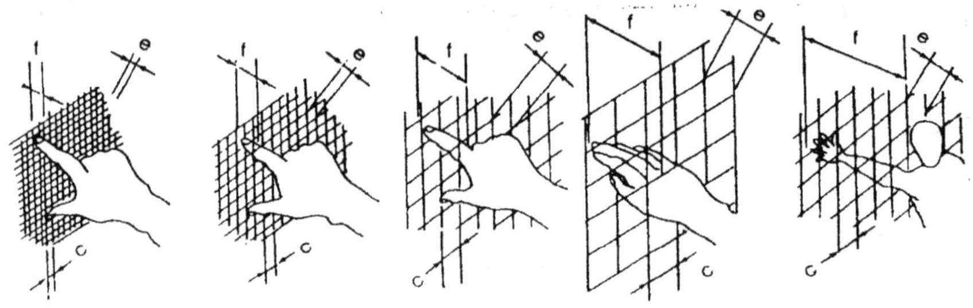

Fig. 3.11 Protectores para aplicar a máquinas. AFNOR

Amplitud de movimiento

Para alcanzar un objeto, una persona puede hacer un movimiento, lo que permite acceder a lugares que un análisis de antropometría estática situaría como "fuera de alcance". Esta consideración es importante tanto para la aplicación de medidas de seguridad, como para situar herramientas y órganos de control en las áreas de actuación. Algunos movimientos a considerar, según AFNOR, son (Fig. 3.12):

1   Hacia arriba

2   Por encima de un obstáculo

3   Hacia el interior de un recipiente

4   Alrededor o a lo largo de un obstáculo

5   A través de un obstáculo

RIESGOS DE ORIGEN MECÁNICO
2. Para un movimiento alrededor o a lo largo de un obstáculo

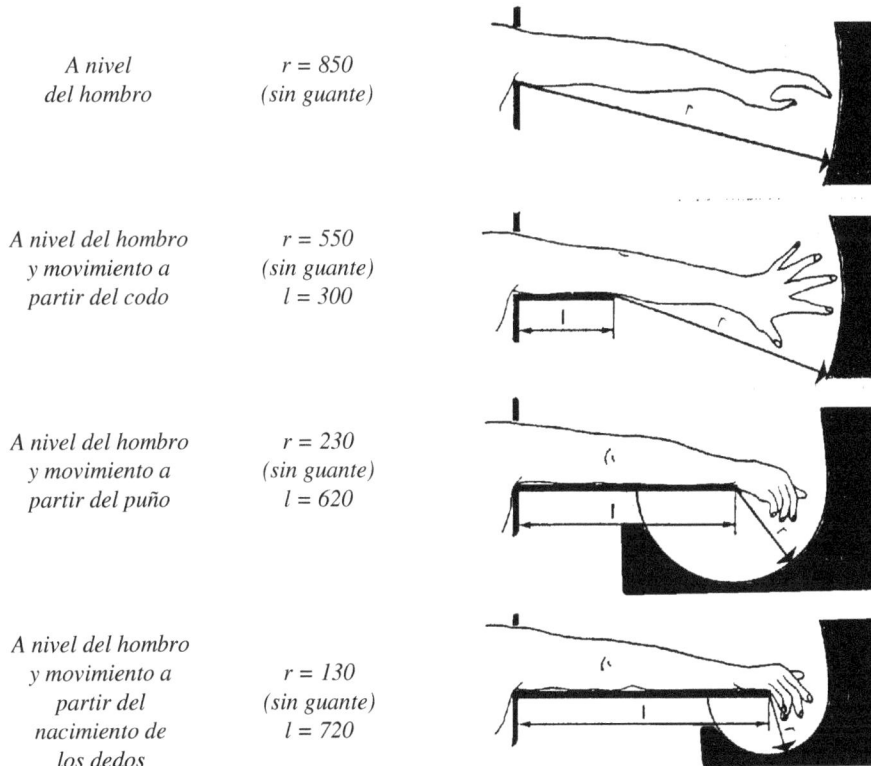

A nivel del hombro	$r = 850$ (sin guante)
A nivel del hombro y movimiento a partir del codo	$r = 550$ (sin guante) $l = 300$
A nivel del hombro y movimiento a partir del puño	$r = 230$ (sin guante) $l = 620$
A nivel del hombro y movimiento a partir del nacimiento de los dedos	$r = 130$ (sin guante) $l = 720$

Fig. 3.12 Protecciones para colocar elementos peligrosos fuera de alcance. AFNOR.

La amplitud de movimiento está limitada por la longitud del brazo y, en el caso de los orificios, por las dimensiones de los dedos y de la mano. Esta amplitud determina la altura mínima de ciertos tipos de protectores y la distancia mínima entre una pantalla y la máquina que protege.

Conclusiones

Para el correcto dimensionamiento de cualquier entorno se necesita un análisis exhaustivo de las medidas antropométricas, pertinentes al caso, de la población que va a establecer contacto con él.

El hombre posee unas medidas antropométricas que podemos situar entre determinados extremos, pero la amplitud de movimiento, los movimientos no previsibles (caídas, resbalones, actos reflejos, etc) pueden poner en crisis las relaciones dimensionales, y si estos movimientos espúreos no se han considerado en la fase de ergonomía de concepción pueden llegar a invalidar el sistema.

Las relaciones dimensionales no se deben concretar solamente en medidas preventivas de seguridad, sino que son parte crítica en el resultado de los procesos, tanto en la calidad como en la eficacia de los mismos. Es por todo esto que el correcto dimensionamiento de las áreas de actividad es una de las tareas básicas que debe acometer todo equipo de ergonomía para optimizar la producción.

4 Ambiente térmico

Microclima laboral

El ser humano controla su balance térmico a través del hipotálamo, que actúa como un termostato y que recibe la información acerca de las condiciones de temperatura externas e internas mediante los termorreceptores que se hallan distribuidos por la piel y, probablemente, en los músculos, pulmones y médula espinal. Las personas pueden soportar grandes diferencias de temperatura entre el exterior y su organismo, mientras que la temperatura interna del cuerpo varía entre los 36°C y los 38°C.

Los receptores de frío comienzan a funcionar si la temperatura de un área de la piel desciende, aproximadamente, a una velocidad mayor de 0,004°C/s. Los del calor comienzan a percibir las sensaciones si la temperatura en un área de la piel se incrementa a una velocidad mayor, aproxidamente, de 0,001°C/s.

GÉLIDO	FRÍO	FRESCO	INDIFE-RENTE	TEMPLADO	CALOR	CALOR ABRASADOR

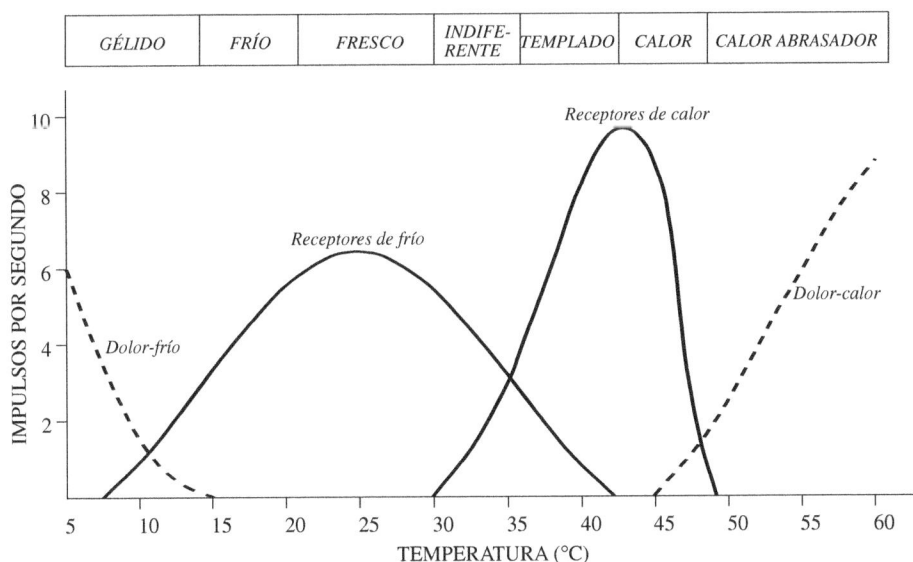

Fig. 4.1 Respuesta frío dolor. Frío. Calor y calor dolor, según experimentos de Zotterman y Hendel.

Un ambiente térmico inadecuado causa reducciones de los rendimientos físico y mental, irritabilidad, incremento de la agresividad, de las distracciones, de los errores, incomodidad por sudar o temblar, aumento o disminución del ritmo cardíaco, etc... e incluso la muerte.

44 °C	Golpe de calor. Piel caliente y seca; t > 40 °C, convulsiones, coma (15-25% mortalidad)
42 °C	
40 °C	¿Lesiones cerebrales?
38 °C	NORMAL
36 °C	
34 °C	Sensación de frío, tirita
33 °C	} Hipotermia: bradicardia, hipotensión, somnolencia,
32 °C	
30 °C	apatía, musculatura rígida.
28 °C	Musculatura relajada, falla función respiratoria

Fig. 4.2 Escala de la temperatura interna y sus repercusiones en el hombre

El nivel de actividad

Un ejercicio intenso eleva la temperatura corporal que, por períodos cortos de tiempo, no provoca daños y permite ser más eficiente en las actividades físicas al acelerar el metabolismo. Como toda o casi toda la energía física se convierte en calor, se necesita un ambiente que compense las excesivas ganancias de temperatura, por lo que los trabajos físicos intensos necesitan un ambiente fresco, mientras que los trabajos ligeros requieren entornos más cálidos. La eficiencia mecánica de las personas oscila entre el 0 y el 25%, dependiendo este valor de si el trabajo es estático o dinámico, siendo estos valores extremos para trabajos estáticos y para trabajos muy dinámicos respectivamente. La expresión utilizada es la siguiente:

$$Em= (T \times 100)/ (GEt - MB) < 20\text{-}25\%$$

donde:

Em	eficiencia mecánica en %
T	trabajo externo en joules
GEt	gasto energético total que consume la persona, en joules
MB	gasto energético del metabolismo basal, en joules

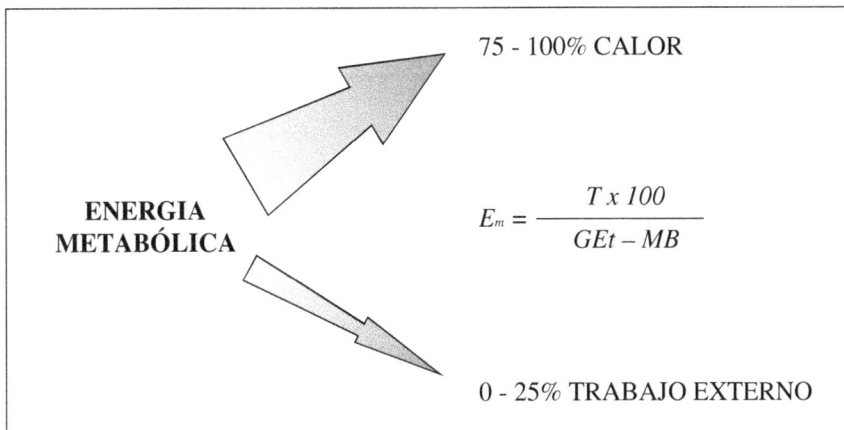

Fig. 4.3 Transformación de la energía metabólica en calor y trabajo externo

Las actividades físicas se miden por su consumo energético, en joules, en watts, o en kilocalorías, aunque existe el MET como unidad del nivel de actividad, que equivale a 58 W/m^2, o 50 kcal/hm^2, y cuya escala se muestra a continuación.

Tabla 4.1 Escala de MET (1met = 58,15 W/m^2)

(Norma ISO)			
W/m^2	met.	Kcal/m^{2}h	Kcal/h
58	1	50	90
69,6	1,2	60	110
81,2	1,4	70	125
92,8	1,6	80	145

También la fiebre puede hacer subir notablemente la temperatura y a los 44°C pueden producirse daños irreversibles. Desde el punto de vista de la ergonomía, la temperatura interna no debería incrementarse por motivos del trabajo más de 1°C, aunque hay especialistas que sitúan este incremento en 1,5°C. Así pues, laboralmente, la temperatura interna puede incrementarse debido a un elevado gasto energético o debido al microclima laboral (Tabla 4.2).

Para protegerse de estas variaciones, el mecanismo termorregulador toma sus medidas. Los mecanismos fisiológicos de la termorregulación ante un ambiente caluroso son los siguientes:

1)   incremento de la circulación sanguínea en los vasos capilares de la piel,

2)   sudoración.

Tabla 4.2 Ejemplos de producción de calor metabólico para diversas actividades

Actividad	met	W/m²
En reposo, estirado	0,8	47
Sentado, sin actividad especial	1,0	58
Actividad sedentaria (oficina, casas, laboratorio, escuela)	1,2	70
De pie, relajado	1,2	70
De pie, actividad ligera (compras, laboratorio, industria ligera)	1,6	93
De pie, actividad media (trabajos domésticos, dependiente)	2,0	117
Actividad alta (carga y descarga, maquinaria pesada)	3,0	175

Mientras que, ante un ambiente frío:

1)   Disminuye el flujo sanguíneo en los capilares de la piel, pudiendo casi llegar a cero,

2)   Se producen los temblores, que elevan la actividad metabólica del cuerpo.

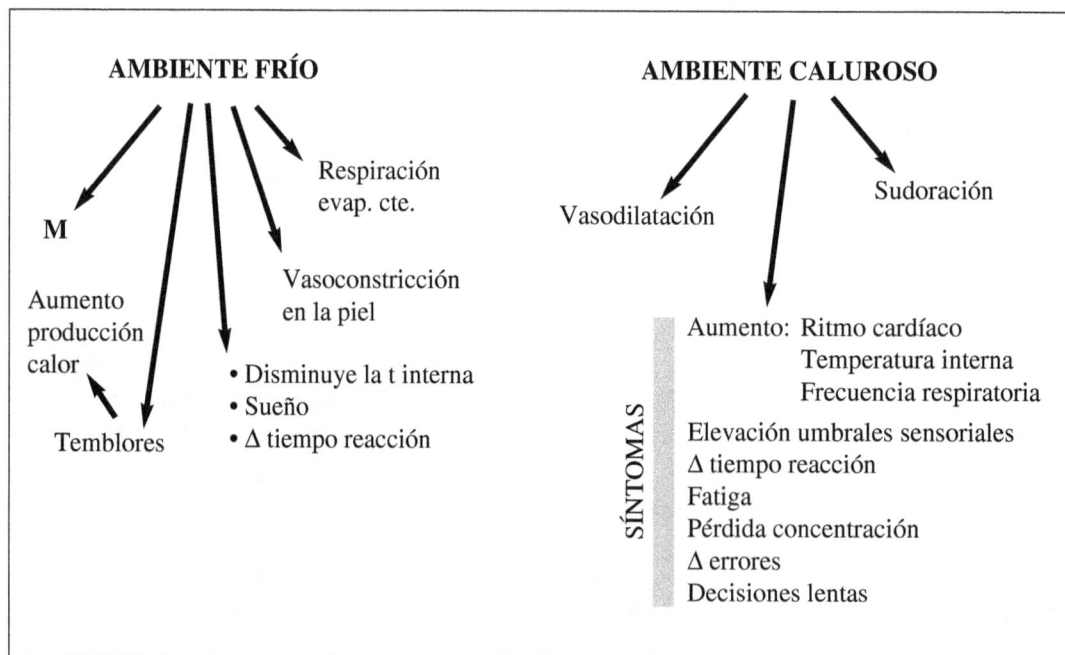

Fig. 4.4 Mecanismo termorregulador del hombre

La sobrecarga térmica es la condición objetiva (independiente del sujeto) que resulta de la interrelación de los factores microclimáticos (temperatura del aire, velocidad del aire, humedad y temperatura radiante media) y que provoca en el hombre lo que se denomina tensión térmica, que se manifiesta en el sujeto de forma muy variable, pues depende de diversos factores individuales: sexo, edad, condiciones físicas, estado emotivo, etcétera.

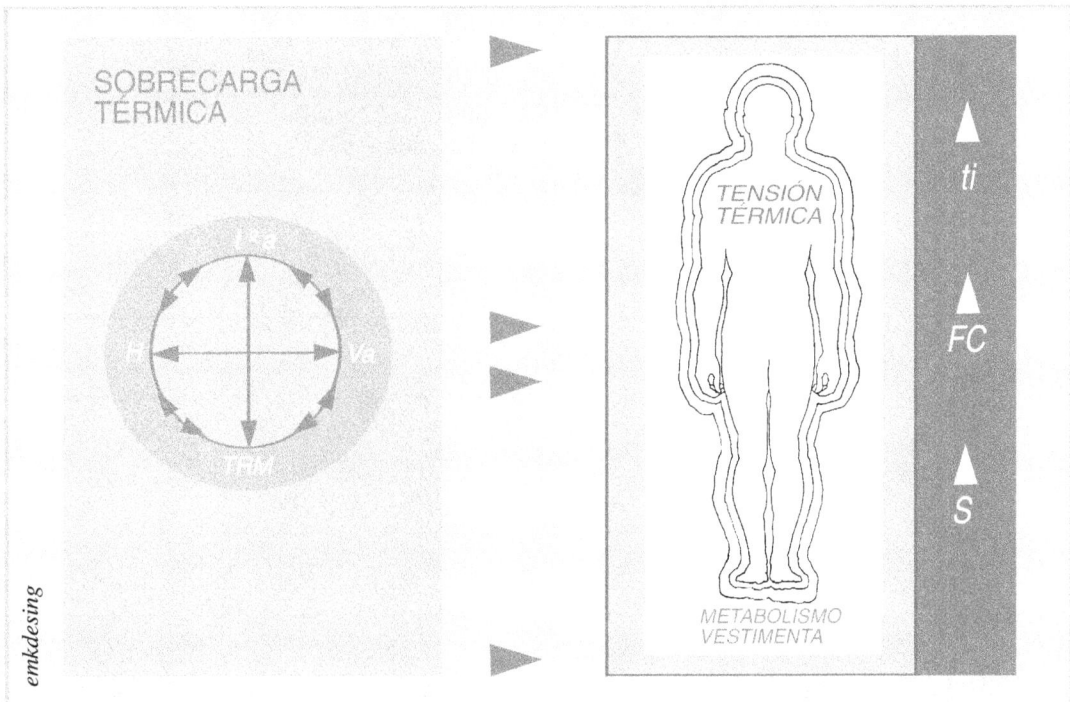

Fig. 4.5 Relación entre sobrecarga térmica y tensión térmica.

Para evaluar la tensión térmica en un individuo se toman, generalmente, tres indicadores fisiológicos :

1   Frecuencia cardiaca (FC)
2   Temperatura interna (ti)
3   Pérdida de peso por sudoración (S).

Estos tres indicadores se incrementan con la sobrecarga térmica en unas personas más que en otras, de acuerdo con sus características fisiológicas. Un sujeto aclimatado al calor soportará mejor la sobrecarga térmica que uno que no lo está; e incluso, lo que para una persona puede resultar tensión térmica, podría no serlo para otra o ser sólo una tensión térmica ligera (Fig. 4.6 y Fig. 4.7).

La ropa es otro factor de importancia que debe ser tenido en cuenta, pues restringe los intercambios de calor con el ambiente, es decir, aísla al hombre en menor o mayor medida, según la superficie corporal cubierta y la calidad de la ropa: algodón, lana, materiales reflectantes, etcétera (Fig. 4.8).

FACTORES TOLERANCIA

• SEXO ⟶ ♀ Menor adaptación

• Δ EDAD ⟶ – Capacidad cardíaca ↓
              – Capacidad generar sudor ↓

• CONSTITUCIÓN
  FÍSICA ⟶ – Disipación f (área corporal)
             – Producción calor f (peso)

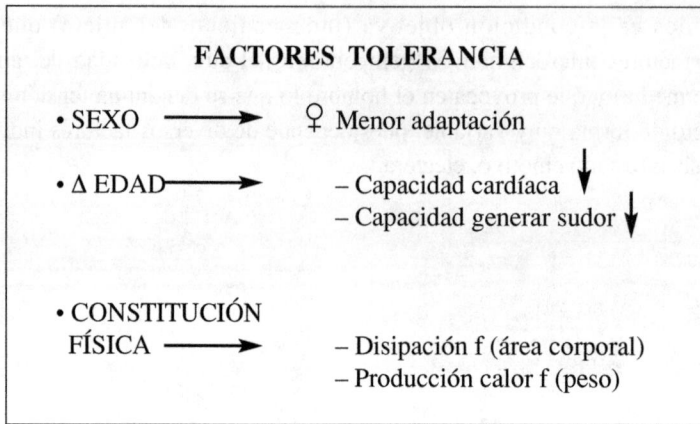

Fig. 4.6 Factores de tolerancia

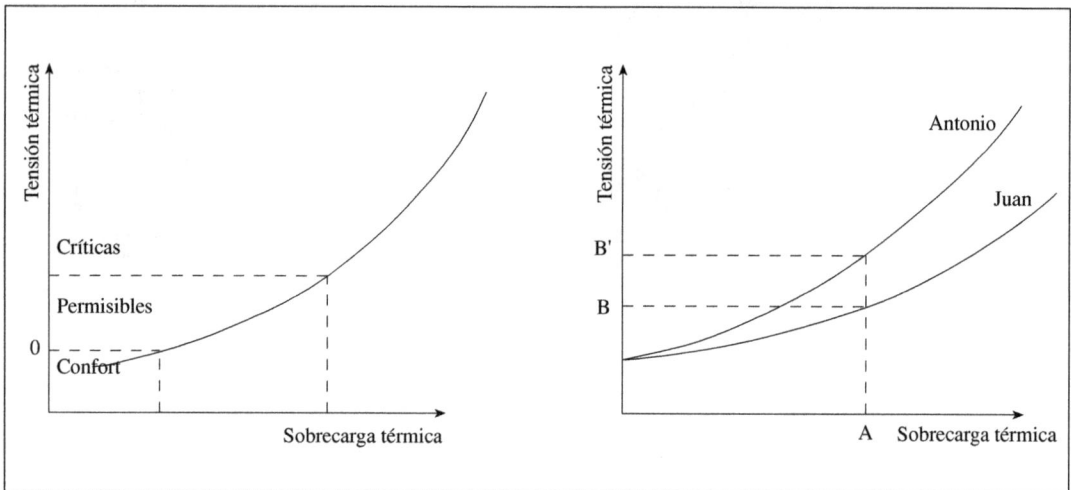

Fig. 4.7 Curvas que relacionan la tensión térmica con la sobrecarga térmica.

El balance térmico entre el hombre y el medio se modifica muy notablemente si se usa una ropa especial durante el trabajo. Por otra parte, debe recordarse que aunque tengamos controlado el entorno interior, las ropas utilizadas por las personas cambian según las estaciones del año.

Existe el Clo para medir la influencia de la ropa en el confort térmico (ISO 7730). De acuerdo con esta unidad de medida se plantea la escala de la Tabla 4.3.

La temperatura ambiente es la temperatura del aire circundante medida con un termómetro psicrométrico simple, es decir, sin protegerlo del viento y de las radiaciones de calor. Por sí sola esta medida es orientativa, pero carece de valor para efectuar estudios relacionados con el ambiente térmico.

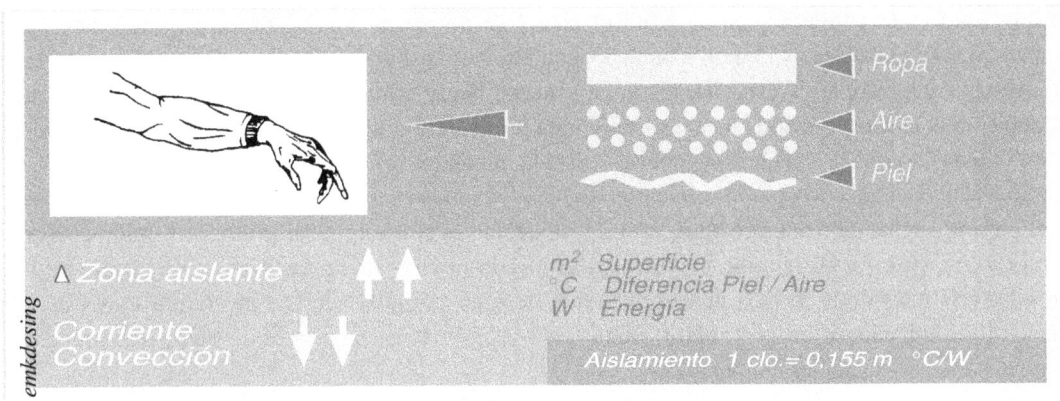

Fig. 4.8 Influencia de la ropa en el intercambio térmico

Tabla 4.3 Valoración del vestido de las personas en unidades clo

VALORACION DEL VESTUARIO EN UNIDADES CLO	
Desnudo	0
Pantalón corto	0,1
Vestimenta tropical: pantalón corto, camisa de cuello abierto y manga corta, calcetines ligeros y sandalias	0,3
Vestimenta de verano ligera: pantalón ligero, camisa de cuello abierto y manga corta, calcetines ligeros y zapatos	0,5
Vestimenta de trabajo ligera: ropa interior ligera, camisa de algodón y manga larga, pantalón de trabajo, calcetines de lana y zapatos	0,7
Vestimenta de interior para invierno: ropa interior, camisa con manga larga, pantalón de trabajo, jersey, calcetines gruesos y zapatos	1,0
Vestimenta tradicional de ciudad europea: ropa interior de algodón con mangas y perneras largas, camisa completa con pantalón, jersey y chaqueta, calcetines de lana y calzado grueso	1,5
FUENTE: Norma ISO 7730-1980	

La temperatura del aire (ta) , –también denominada temperatura seca (ts) o temperatura de bulbo seco (tbs)–, así como la temperatura de bulbo húmedo (tbh) –o temperatura húmeda (th)– que se utiliza para determinar la humedad, se miden con el psicrómetro de aspiración, mientras que la temperatura radiante media (TRM) se calcula a partir de la temperatura de globo (tg), el cual se mide con el termómetro de globo, consistente en un termómetro psicrométrico cuyo bulbo está insertado dentro de una esfera de cobre hueca, que generalmente mide 15 centímetros de diámetro, pintada de negro mate. La unidad de medida de todas las temperaturas es el grado centígrado.

La humedad es el contenido de agua en el aire y se mide con un higrómetro o mediante las temperaturas de bulbo seco y de bulbo húmedo, con una carta psicrométrica. La humedad es crítica en un ambiente caluroso: si es excesiva restringe y puede llegar a impedir totalmente la tan necesaria evaporación del sudor, mientras que si es muy baja puede deshidratar al organismo, tal como ocurre en los climas desérticos. Frecuentemente se utiliza la humedad relativa (HR) que puede variar en un amplio abanico, aunque lo óptimo está entre 30-70%. También es frecuente medir la humedad través de la presión parcial del vapor de agua (pva), cuya unidad es el hectopascal (hPa), o el milímetro de mercurio (mmHg). En la figura 4.9 se muestra una carta psicrométrica que permite el cálculo de la humedad relativa y de la presión parcial del vapor de agua, partiendo de la temperatura seca y de la temperatura húmeda. Y en la Tabla 4.4 una tabla psicrométrica que permite hallar la humedad relativa, partiendo de ambas temperaturas.

Otro factor del microclima a considerar es la velocidad del aire (Va), tan importante para refrescar o calentar el ambiente. Si la temperatura del aire está por debajo de la temperatura de la piel, la velocidad del aire provocará la pérdida de calor; en cambio, si la temperatura del aire está por encima de la de la piel, el cuerpo tomará calor del aire. La medición de la velocidad del aire se realiza mediante instrumentos como los anemómetros, catatermómetros y termoanemómetros, y la unidad de medida es el m/s.

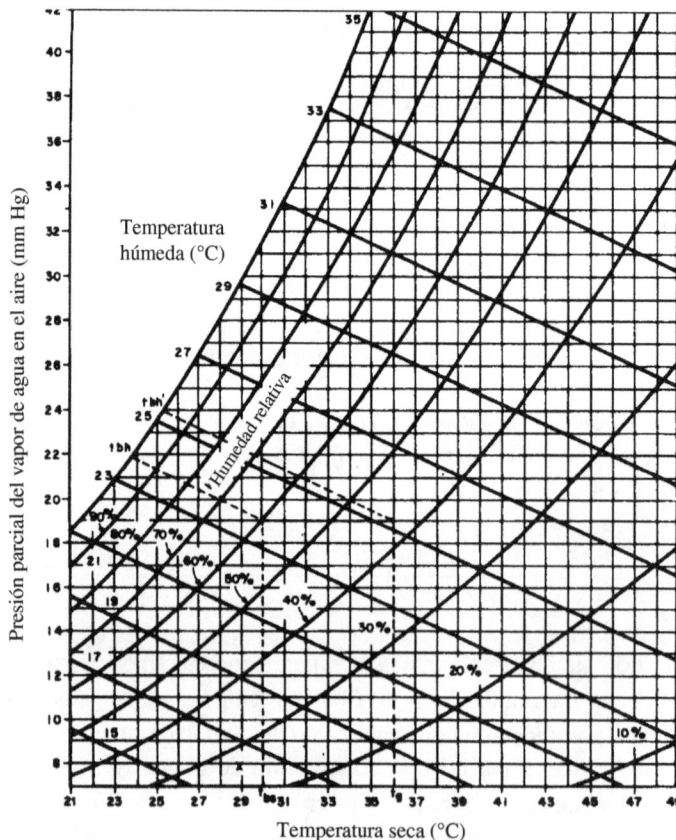

Fig. 4.9 Carta psicrométrica

Tabla 4.4 Tabla psicrométrica para hallar el valor de la HR (%)

| | | Diferencia entre temperatura seca y temperatura húmeda | | | | | | | | | | | | | | | | |
		0	1	2	3	4	5	6	7	8	9	10	11	12	13	14	15	16	17
	10	100	88	76	65	54	43	33	24	15									
	11	100	88	76	66	55	45	35	27	18									
	12	100	89	77	66	56	47	38	29	20	11								
	13	100	89	78	67	58	49	40	32	23	15								
	14	100	90	79	68	59	50	42	34	26	18	10							
	15	100	90	79	69	60	51	43	36	28	20	14							
	16	100	90	80	70	61	53	44	37	30	22	16	10						
	17	100	91	80	71	63	54	46	38	32	24	18	12						
	18	100	91	81	71	63	55	48	39	33	26	20	14						
	19	100	91	81	72	64	56	49	41	34	28	22	16	10					
	20	100	92	82	73	64	57	50	43	36	30	24	18	12					
	21	100	92	82	74	65	58	52	45	38	32	26	20	14					
	22	100	92	83	74	66	60	53	46	39	34	28	22	16	11				
	23	100	92	83	75	67	61	55	48	41	35	30	23	18	13				
	24	100	92	83	75	68	62	56	50	42	36	31	25	20	15	10			
Temperatura seca	25	100	92	84	76	69	63	57	51	44	38	32	27	22	17	12			
	26	100	93	84	76	70	63	57	52	45	39	34	28	24	19	14			
	27	100	93	85	77	71	64	58	52	47	41	36	30	25	21	16	11		
	28	100	93	85	78	72	65	59	53	48	42	37	32	27	23	18	13		
	29	100	93	85	79	72	66	60	54	49	43	38	33	29	24	20	15	11	
	30	100	93	86	79	73	66	60	55	50	45	40	35	31	26	21	16	12	
	31	100	93	86	79	73	67	61	56	51	46	41	36	32	27	22	18	14	10
	32	100	93	86	80	74	68	62	56	52	47	42	37	33	28	23	19	15	12
	33	100	93	86	80	74	68	63	57	52	47	43	38	34	29	25	21	17	14
	34	100	94	87	80	75	69	64	58	53	48	43	38	35	30	26	22	18	16
	35	100	94	87	81	75	70	64	58	53	48	44	39	36	31	27	23	20	18
	36	100	94	87	81	75	70	65	59	54	49	45	40	37	32	29	25	22	19
	37	100	94	87	82	76	71	65	60	55	50	46	41	38	33	30	26	23	20
	38	100	94	87	82	76	71	66	61	56	51	47	42	38	34	31	27	24	21
	39	100	94	88	82	76	72	66	62	57	52	48	43	39	35	32	28	25	22
	40	100	94	88	82	77	72	67	63	58	53	49	44	39	35	32	29	26	23

Intercambio térmico

Para realizar un estudio ergonómico del ambiente térmico, es imprescindible analizar el intercambio térmico que se efectúa, básicamente, de cuatro maneras entre el hombre y el medio donde realiza sus actividades.

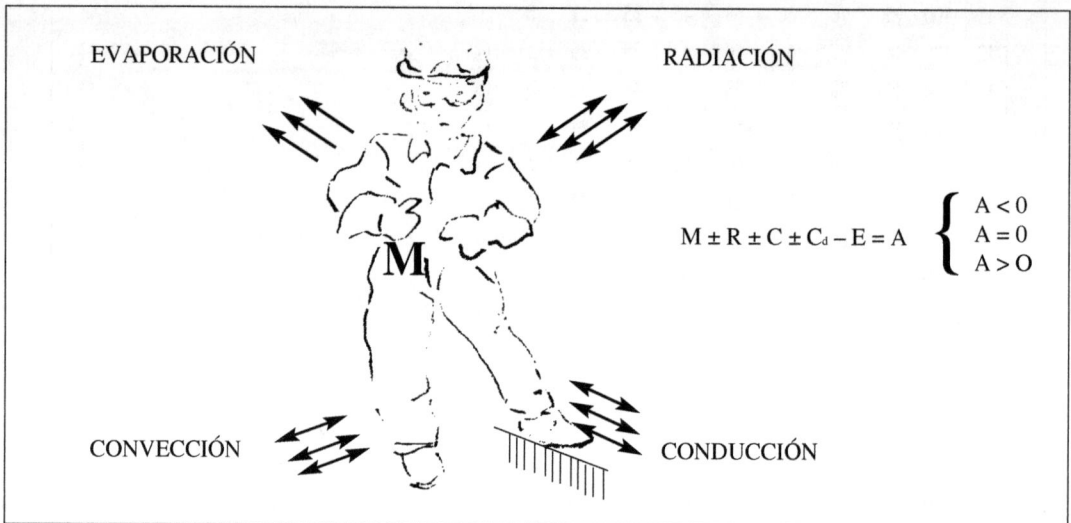

EVAPORACIÓN   RADIACIÓN

$$M \pm R \pm C \pm C_d - E = A \begin{cases} A < 0 \\ A = 0 \\ A > O \end{cases}$$

CONVECCIÓN   CONDUCCIÓN

Fig. 4.10 Intercambio térmico entre el hombre y el ambiente

1. Por conducción: este tipo de transmisión generalmente puede ser obviado debido a su poca influencia en relación con las restantes;

2. Por convección: para su determinación se mide la temperatura seca y la velocidad del aire;

3. Por radiación: en este caso la propagación es electromagnética y, como se dijo anteriormente, se calcula mediante la temperatura de globo;

4. Por evaporación del sudor: si hay, por evaporación siempre se pierde calor.

Cuando la temperatura radiante producida por un foco externo excede significativamente a la temperatura ambiente, las fuentes de calor deben ser apantalladas para reducir su efecto, pues los procesos normales de intercambio de calor se reducen drásticamente, aumentando la incomodidad y reduciendo la capacidad de trabajo.

Ecuación práctica de balance térmico

El intercambio térmico que se efectúa entre el organismo humano y el medio que lo rodea se puede representar aritméticamente mediante la ecuación de balance térmico. Obviando el intercambio de calor por conducción y el intercambio de calor por la respiración, por ser generalmente poco significativos en los estudios ergonómicos, la ecuación de balance térmico se expresa:

$$M \pm R \pm C - E = A$$

en la que:

M   es la ganancia de calor por el metabolismo,

R   la ganancia o la pérdida de calor por radiación,

C   la ganancia o pérdida de calor por convección,

E   la pérdida de calor por evaporación del sudor,

A   el calor acumulado en el organismo.

Partiendo de las posibilidades reales del organismo y del ambiente, la ecuación de balance térmico puede expresar las cuatro situaciones siguientes:

(1) $M \pm R \pm C = 0$

Obsérvese que en esta primera ecuación el resultado final es cero, lo que significa que existe un balance entre los diferentes intercambios térmicos. En este caso el sujeto no necesita evaporar sudor para lograr el equilibrio con el medio (E = 0), por lo que las condiciones se denominan de confort o de bienestar térmico u óptimas. Así pues, definiremos el confort térmico como aquel estado en que la persona muestra una valoración satisfactoria de las características térmicas del ambiente en que se halla. Obviamente una premisa básica para que se dé una situación de confort térmico es que cumpla la ecuación de balance térmico, tal como está expresado en (1).

En caso de que el sujeto requiera sudar para evaporar el sudor y así lograr el balance entre los diversos factores del intercambio térmico, porque no son suficientes los intercambios por radiación y por convección, la ecuación adopta la siguiente forma (2):

(2) $M \pm R \pm C - E = 0$

En este segundo caso el cuerpo se encuentra bajo condiciones microclimáticas permisibles. Hay balance térmico, pero existe tensión térmica, pues el sujeto, para que el calor acumulado no se incremente en su cuerpo, tiene que apelar a la evaporación del sudor, y así lograr el equilibrio térmico.

Sin embargo, los mecanismos termorreguladores no siempre son capaces de impedir que la ganacia de calor sobrepase la pérdida. En esta tercera situación resulta imposible el balance térmico y el organismo comienza a incrementar su temperatura por almacenamiento del calor. Por ello la ecuación de balance térmico adoptaría la forma (3):

(3) $M \pm R \pm C - E > 0$

que expresa las condiciones críticas por calor a que el sujeto está sometido.

Una cuarta situación sería la que obliga al hombre a perder calor por encima de sus posibilidades, provocando un desbalance por frío, por lo que la temperatura del cuerpo descenderá mientras las condiciones se mantengan. Esta cuarta forma sería:

(4) $M \pm R \pm C < 0$

El análisis de la ecuación de balance térmico permite al ergónomo, además del diagnóstico de las condiciones, encontrar y aplicar soluciones ingenieriles para controlar el ambiente térmico.

En la figura 4.11 se muestra un ejemplo de los porcentajes de intercambio térmico en una situación de balance.

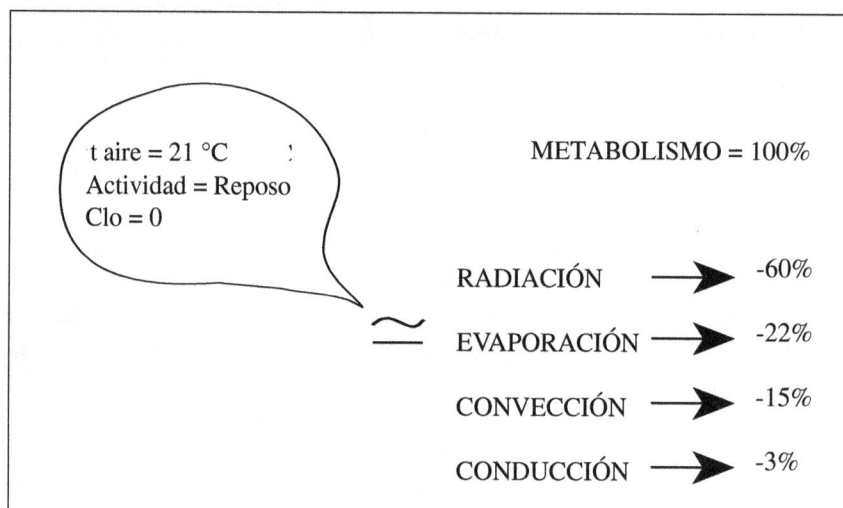

Fig. 4.11   Ejemplo de una situación de balance térmico alcanzado con unos valores porcentuales aproximados a la realidad

Para el cálculo de las diferentes formas de intercambio, con una vestimenta de 0,5 clo, pueden ser utilizadas las siguientes expresiones:

$$R = 4,4 \ (TRM - 35) \ S.C \ \text{(watt)}$$

donde: TRM = temperatura media radiante (°C),
                S.C.   = superficie corporal (m^2).

Para calcular la superficie corporal (S.C) podemos utilizar el nomograma de la figura 4.12, o la expresión de DuBois y DuBois:

$$S.C = 0,202 \ P^{0,425} \ H^{0,725}$$

donde: P   expresado en kg,
                H   en metros.

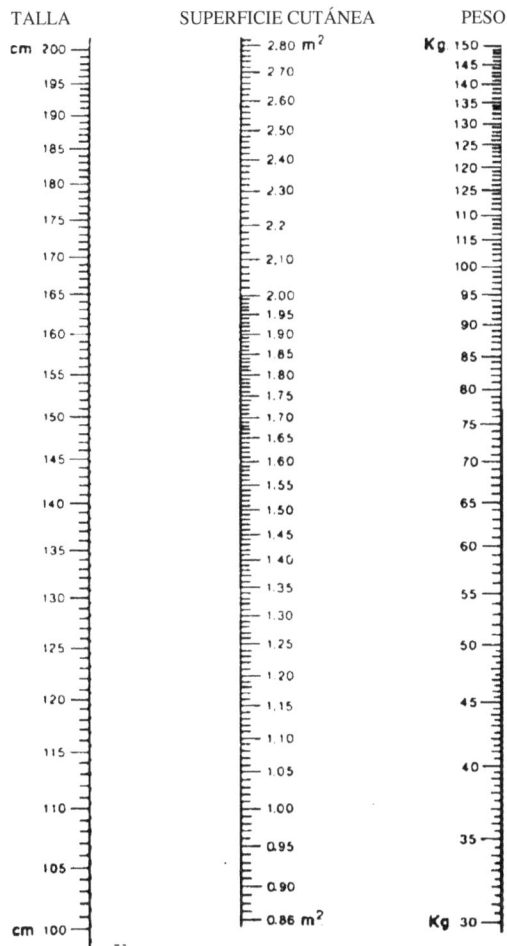

Fig. 4.12 Nomograma para el cálculo de la superficie corporal.

La temperatura radiante media (TRM) se puede calcular con la siguiente expresión:

$$(TRM + 273)^4 = (tg + 273)^4 + 1,4 \ Va^{0,5} \ (tg\text{-}ts)10^8$$

donde: tg = temperatura del globo (°C)
         ts = temperatura de bulbo seco (°C)
         Va = velocidad del aire (m/s)

para un globo de cobre, negro y mate de 15 cm de diámetro.

El intercambio de calor por convección:

$$C = 4,6 \ Va^{0,6} \ (ts - 35) \ S.C. \quad (watt)$$

La evaporación del sudor requerida para mantener el balance térmico se calcula:

$$E_{req} = M \pm R \pm C$$

Y la evaporación máxima posible en el puesto de trabajo:

$$E_{máx} = 7\ Va^{0.6}\ (56\text{-pva})\ \text{S.C.} \leq 390\ \text{S.C.}$$

donde: pva = presión de vapor de agua contenido en la atmósfera en (hPa).

Hay que tener presente que la capacidad de sudoración de una persona tiene un límite; para ello se asume un valor máximo de la sudoración: $S_{máx} = 390\ W/m^2$, de manera que en el cálculo de $E_{máx}$ si su valor sobrepasa al de $S_{máx}$ se toma $390\ W/m^2$.

La presión parcial del vapor de agua se puede obtener con una carta psicrométrica, como la de la figura 4.9.

Técnicas para evaluar el ambiente térmico

Como las combinaciones posibles entre los cuatro factores de microclima (t_s, TRM, H, Va) pueden provocar múltiples resultados, los especialistas siempre han procurado encontrar un índice que resuma en un solo valor la situación microclimática.

Así han surgido muchos índices, como son: índices de temperatura efectiva e índice de temperatura efectiva corregida (ITE), (ITEC); índice de sobrecarga calórica (ISC) -Heat Stess Index HSI-; Wet Bulb Globe Temperature (WBGT); índice de valoración media de Fanger (IVM); etcétera, de los cuales veremos los tres últimos.

Índice de sobrecarga calórica (ISC)

Si se quiere tener una idea del grado de tensión térmica a que está expuesto un sujeto, se puede optar por el índice de sobrecarga calórica (ISC).
El ISC se basa en la ecuación de balance térmico y utiliza para sus cálculos las expresiones mostradas anteriormente, aunque para una visión rápida, pero no tan precisa como la que ofrece el método analítico, existen también nomogramas.
El ISC es la relación existente entre la evaporación requerida para lograr el balance térmico y la evaporación máxima posible en ese ambiente.

$$ISC = (E_{req}/E_{máx})\ 100$$

A continuación se muestra la escala de valoración del ISC.

Tabla 4.5 Escala valoración ISC

ÍNDICE DE SOBRECARGA CALÓRICA
(I.S.C.) (H.S.I.)

>100	CONDICIONES CRÍTICAS
100	MÁX. PERMISIBLE (1)
90	
80	MUY SEVERA
70	
60	
50	SEVERA
40	
30	MODERADA
20	
10	SUAVE
0	CONFORT TÉRMICO
-10	
-20	SUAVE TENSIÓN FRÍO

(1) Para hombres jóvenes, sanos y aclimatados.

De la misma forma en la figura 4.13 se muestra un nomograma para la determinación del ISC de forma rápida.

Para calcular el tiempo máximo de exposición bajo condiciones críticas se puede aplicar la siguiente expresión:

$$TT = (58\ P\ \Delta°C) / (E_{req.} - E_{máx.}) \qquad (min.)$$

donde: TT = tiempo de exposición
   P   = peso del sujeto
   $\Delta°C$ = Incremento de temperatura corporal, habitualmente se admite 1°C como límite
     máximo

Mientras que para el tiempo de recuperación se aplica la siguiente expresión:

$$TR = (58\ P\ \Delta°C) / (E'_{máx.} - E'_{req.}) \qquad (min.)$$

donde: $E'_{máx.}$ y $E'_{req.}$ se calculan para las nuevas condiciones de trabajo o descanso en que se
     recupera el sujeto

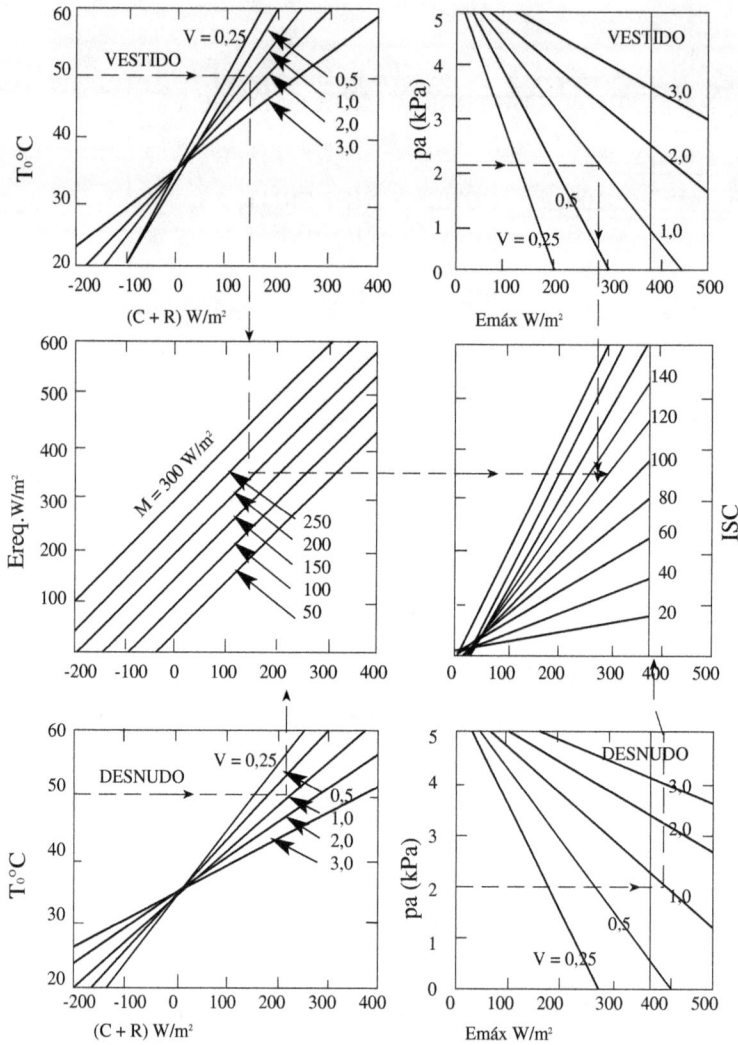

Fig. 4.13 Nomograma para el cálculo del ISC

Indice de temperatura de bulbo húmedo y de globo (WBGT)

El criterio internacional ISO 7243 para evaluar el estrés térmico es el índice WBGT (Wet Bulb Globe Temperature), que tiene la ventaja de la sencillez.

Para calcular WBGT se utilizan las siguientes expresiones, según sea en locales o a la intemperie:

$$WBGT = 0,7\ tbh_n + 0,3\ tg \quad \text{(para interiores)}$$

$$WBGT = 0,7\ tbh_n + 0,2\ tg + 0,1\ ta \quad \text{(para exteriores)}$$

Para determinar WBGT de un puesto de trabajo donde el operario permanezca estable necesitamos promediar los diferentes valores de WBGT ponderados referidos a la cabeza, el abdomen y los pies, según la siguiente proporción:

$$WBGT = (WBGT_{cabeza} + 2\ WBGT_{abdomen} + WBGT_{pie}) / 4$$

Además, se deberá establecer un valor de consumo metabólico (M) que será función de las diferentes actividades y del tiempo invertido en ellas por el operario durante la jornada de trabajo, con el fin de adecuar M a los valores reales de la actividad:

$$M = ((M_1 t_1) + (M_2 t_2) + (M_3 t_3) + \ldots + (M_n t_n)) / t_1 + t_2 + t_3 + \ldots + t_n$$

De acuerdo con las escalas de WBGT que se ofrecen a continuación, es posible concluir las condiciones existentes según el tipo de trabajo que se realice: ligero, moderado, pesado o muy pesado y los tiempos de trabajo y descanso recomendados (Fig. 4.14).

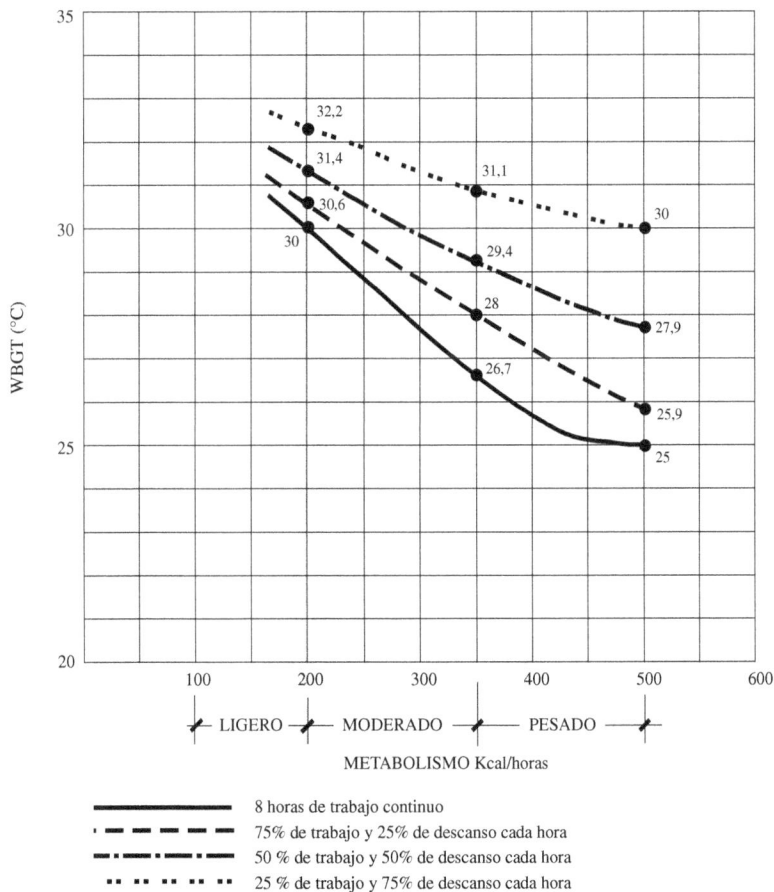

Fig. 4.14 Valores permisibles de exposición al calor según el índice WBGT.

Índice de valoración medio de Fanger (IVM)

De los métodos existentes para la valoración del confort térmico, uno de los más completos, prácticos y operativos es el de Fanger, que aparece en su libro *Thermal Confort* (1973). Este método ha sido recogido por la norma ISO 7730 y consigue integrar todos los factores que determinan el confort térmico ofreciendo el porcentaje de personas insatisfechas con las condiciones del ambiente térmico en que se desarrolla su trabajo.

Los parámetros que analiza Fanger son: el nivel de actividad, las características de la ropa, la temperatura seca, la temperatura radiante media, la humedad relativa y la velocidad del aire.
Los resultados se basan en la valoración subjetiva obtenida por experimentación de un grupo de 1300 personas, que se expresaban en la siguiente escala:

-3	muy frío
-2	frío
-1	ligeramente frío
0	confort (neutro)
+1	ligeramente caluroso
+2	caluroso
+3	muy caluroso

Al valor resultante de estas situaciones se le denomina PMV (*predicted mean vote*) o IMV (índice de valoración medio). Los valores que se obtienen de IVM son válidos cuando:

i   la humedad relativa es del 50%, y
ii   coinciden la temperatura radiante media y la temperatura seca (Tabla 4.6)

El valor resultante de la tabla se lleva a la figura 4.15, y obtenemos el porcentaje de insatisfechos (PI) para esa situación.

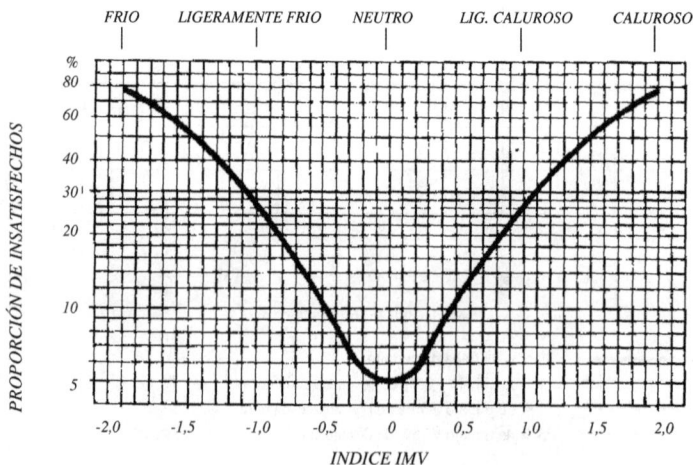

Fig. 4.15 Tabla de porcentaje de insatisfechos

Tabla 4.6 Índice de valoración medio (IVM)

Nivel de actividad 90 Kcal/h.

Vestido clo	Temp. seca °C	Velocidad relativa (m/s)								
		<0,10	0,10	0,15	0,20	0,30	0,40	0,50	1,00	1,50
0	26	-1,62	-1,62	-1,96	-2,34					
	27	-1	-1	-1,36	-1,69					
	28	-0,39	-0,42	-0,76	-1,05					
	29	0,21	0,13	-0,15	-0,39					
	30	0,8	0,68	0,45	0,26					
	31	1,39	1,25	1,08	0,94					
	32	1,96	1,83	1,71	1,61					
	33	2,5	2,41	2,34	2,29					
0,25	24	-1,52	-1,52	-1,8	-2,06	-2,47				
	25	-1,05	-1,05	-1,33	-1,57	-1,94	-2,24	-2,48		
	26	-0,58	-0,61	-0,87	-1,08	-1,41	-1,67	-1,89	-2,66	
	27	-0,12	-0,17	-0,4	-0,58	-0,87	-1,1	-1,29	-1,97	-2,41
	28	0,34	0,27	0,07	-0,09	-0,34	-0,53	-0,7	-1,28	-1,66
	29	0,8	0,71	0,54	0,41	0,2	0,04	-0,1	-0,58	-0,9
	30	1,25	1,15	1,02	0,91	0,74	0,61	0,5	0,11	-0,14
	31	1,71	1,61	1,51	1,43	1,3	1,2	1,12	0,83	0,63
0,50	23	-1,1	-1,1	-1,33	-1,51	-1,78	-1,99	-2,16		
	24	-0,72	-0,74	-0,95	-1,11	-1,36	-1,55	-1,7	-2,22	
	25	-0,34	-0,38	-0,56	-0,71	-0,94	-1,11	-1,25	-1,71	-1,99
	26	0,04	-0,01	-0,18	-0,31	-0,51	-0,66	-0,79	-1,19	-1,44
	27	0,42	0,35	0,2	0,09	-0,08	-0,22	-0,33	-0,68	-0,9
	28	0,8	0,72	0,59	0,49	0,34	0,23	0,14	-0,17	-0,36
	29	1,17	1,08	0,98	0,9	0,77	0,68	0,6	0,34	0,19
	30	1,54	1,45	1,37	1,3	1,2	1,13	1,06	0,86	0,73
0,75	21	-1,11	-1,11	-1,3	-1,44	-1,66	-1,82	-1,95	-2,36	-2,6
	22	-0,79	-0,81	-0,98	-1,11	-1,31	-1,46	-1,58	-1,95	-2,17
	23	-0,47	-0,5	-0,66	-0,78	-0,96	-1,09	-1,2	-1,55	-1,75
	24	-0,15	-0,19	-0,33	-0,44	-0,61	-0,73	-0,83	-1,14	-1,33
	25	0,17	0,12	-0,01	-0,11	-0,26	-0,37	-0,46	-0,74	-0,9
	26	0,49	0,43	0,31	0,23	0,09	0	-0,08	-0,33	-0,48
	27	0,81	0,74	0,64	0,56	0,45	0,36	0,29	0,08	-0,05
	28	1,12	1,05	0,96	0,9	0,8	0,73	0,67	0,48	0,37
1,00	20	-0,85	-0,87	-1,02	-1,13	-1,29	-1,41	-1,51	-1,81	-1,98
	21	-0,57	-0,6	-0,74	-0,84	-0,99	-1,11	-1,19	-1,47	-1,63
	22	-0,3	-0,33	-0,46	-0,55	-0,69	-0,8	-0,88	-1,13	-1,28
	23	0,02	-0,07	-0,18	-0,27	-0,39	-0,49	-0,56	-0,79	-0,93
	24	0,26	0,2	0,1	0,02	-0,09	-0,18	-0,25	-0,46	-0,58
	25	0,53	0,48	0,38	0,31	0,21	0,13	0,07	-0,12	-0,23
	26	0,81	0,75	0,66	0,6	0,51	0,44	0,39	0,22	0,13
	27	1,08	1,02	0,95	0,89	0,81	0,75	0,71	0,56	0,48
1,25	16	-1,37	-1,37	-1,51	-1,62	-1,78	-1,89	-1,98	-2,26	-2,41
	18	-0,89	-0,91	-1,04	-1,14	-1,28	-1,38	-1,46	-1,7	-1,84
	20	-0,42	-0,46	-0,57	-0,65	-0,77	-0,86	-0,93	-1,14	-1,26
	22	0,07	0,02	-0,07	-0,14	-0,25	-0,32	-0,38	-0,56	-0,66
	24	0,56	0,5	0,43	0,37	0,28	0,22	0,17	0,02	-0,06
	26	1,04	0,99	0,93	0,88	0,81	0,76	0,72	0,61	0,54
	28	1,53	1,48	1,43	1,4	1,34	1,31	1,28	1,19	1,14
	30	2,01	1,97	1,93	1,91	1,88	1,85	1,83	1,77	1,74
1,50	14	-1,36	-1,36	-1,49	-1,58	-1,72	-1,82	-1,89	-2,12	-2,25
	16	-0,94	-0,95	-1,07	-1,15	-1,27	-1,36	-1,43	-1,63	-1,75
	18	-0,52	-0,54	-0,64	-0,72	-0,82	-0,9	-0,96	-1,14	-1,24
	20	-0,09	-0,13	-0,22	-0,28	-0,37	-0,44	-0,49	-0,65	-0,74
	22	0,35	0,3	0,23	0,18	0,1	0,04	0	-0,14	-0,21
	24	0,79	0,74	0,68	0,63	0,57	0,52	0,49	0,37	0,31
	26	1,23	1,18	1,13	1,09	1,04	1,01	0,98	0,89	0,84
	28	1,67	1,62	1,58	1,56	1,52	1,49	1,47	1,4	1,37

Tabla 4.6 Índice de valoración medio (IVM) (Continuación)

Nivel de actividad 110 Kcal/h.

Vestido clo	Temp. seca °C	Velocidad relativa (m/s)								
		<0,10	0,10	0,15	0,20	0,30	0,40	0,50	1,00	1,50
0	25	-1,33	-1,33	-1,59	-1,92					
	26	-0,83	-0,83	-1,11	-1,4					
	27	-0,33	-0,33	-0,63	-0,88					
	28	0,15	0,12	-0,14	-0,36					
	29	0,63	0,56	0,35	0,17					
	30	1,1	1,01	0,84	0,69					
	31	1,57	1,47	1,34	1,24					
	32	2,03	1,93	1,85	1,78					
0,25	23	-1,18	-1,18	-1,39	-1,61	-1,97	-2,25			
	24	-0,79	-0,79	-1,02	-1,22	-1,54	-1,8	-2,01		
	25	-0,42	-0,42	-0,64	-0,83	-1,11	-1,34	-1,54	-2,21	
	26	-0,04	-0,07	-0,27	-0,43	-0,68	-0,89	-1,06	-1,65	-2,04
	27	0,33	0,29	0,11	-0,03	-0,25	-0,43	-0,58	-1,09	-1,43
	28	0,71	0,64	0,49	0,37	0,18	0,03	-0,1	-0,54	-0,82
	29	1,07	0,99	0,87	0,77	0,61	0,49	0,39	0,02	-0,22
	30	1,43	1,35	1,25	1,17	1,05	0,95	0,87	0,58	0,39
0,50	18	-2,01	-2,01	-2,17	-2,38	-2,7				
	20	-1,41	-1,41	-1,58	-1,76	-2,04	-2,25	-2,42		
	22	-0,79	-0,79	-0,97	-1,13	-1,36	-1,54	-1,69	-2,17	-2,46
	24	-0,17	-0,2	-0,36	-0,48	-0,68	-0,83	-0,95	-1,35	-1,59
	26	0,44	0,39	0,26	0,16	0,01	-0,11	-0,21	-0,52	-0,71
	28	1,05	0,98	0,88	0,81	0,7	0,61	0,54	0,31	0,16
	30	1,64	1,57	1,51	1,46	1,39	1,33	1,29	1,14	1,04
	32	2,25	2,2	2,17	2,15	2,11	2,09	2,07	1,99	1,95
0,75	16	-1,77	-1,77	-1,91	-2,07	-2,31	-2,49			
	18	-1,27	-1,27	-1,42	-1,56	-1,77	-1,93	-2,05	-2,45	
	20	-0,77	-0,77	-0,92	-1,04	-1,23	-1,36	-1,47	-1,82	-2,02
	22	-0,25	-0,27	-0,4	-0,51	-0,66	-0,78	-0,87	-1,17	-1,34
	24	0,27	0,23	0,12	0,03	-0,1	-0,19	-0,27	-0,51	-0,65
	26	0,78	0,73	0,64	0,57	0,47	0,4	0,34	0,14	0,03
	28	1,29	1,23	1,17	1,12	1,04	0,99	0,94	0,8	0,72
	30	1,8	1,74	1,7	1,67	1,62	1,58	1,55	1,46	1,41
1,00	16	-1,18	-1,18	-1,31	-1,43	-1,59	-1,72	-1,82	-2,12	-2,29
	18	-0,75	-0,75	-0,88	-0,98	-1,13	-1,24	-1,33	-1,59	-1,75
	20	-0,32	-0,33	-0,45	-0,54	-0,67	-0,76	-0,83	-1,07	-1,2
	22	0,13	0,1	0	-0,07	-0,18	-0,26	-0,32	-0,52	-0,64
	24	0,58	0,54	0,46	0,4	0,31	0,24	0,19	0,02	-0,07
	26	1,03	0,98	0,91	0,86	0,79	0,74	0,7	0,57	0,5
	28	1,47	1,42	1,37	1,34	1,28	1,24	1,21	1,12	1,06
	30	1,91	1,86	1,83	1,81	1,78	1,75	1,73	1,67	1,63
1,25	14	-1,12	-1,12	-1,24	-1,34	-1,48	-1,58	-1,66	-1,9	-2,04
	16	-0,74	-0,75	-0,86	-0,95	-1,07	-1,16	-1,23	-1,45	-1,57
	18	-0,36	-0,38	-0,48	-0,55	-0,66	-0,74	-0,81	-1	-1,11
	20	0,02	-0,01	-0,1	-0,16	-0,26	-0,33	-0,38	-0,55	-0,64
	22	0,42	0,38	0,31	0,25	0,17	0,11	0,07	-0,08	-0,16
	24	0,81	0,77	0,71	0,66	0,6	0,55	0,51	0,39	0,33
	26	1,21	1,16	1,11	1,08	1,03	0,99	0,96	0,87	0,82
	28	1,6	1,56	1,52	1,5	1,46	1,43	1,41	1,34	1,3
1,50	12	-1,09	-1,09	-1,19	-1,27	-1,39	-1,48	-1,55	-1,75	-1,86
	14	-0,75	-0,75	-0,85	-0,93	-1,03	-1,11	-1,17	-1,35	-1,45
	16	-0,41	-0,42	-0,51	-0,58	-0,67	-0,74	-0,79	-0,96	-1,05
	18	-0,06	-0,09	-0,17	-0,22	-0,31	-0,37	-0,42	-0,56	-0,64
	20	0,28	0,25	0,18	0,13	0,05	0	-0,04	-0,16	-0,24
	22	0,63	0,6	0,54	0,5	0,44	0,39	0,36	0,25	0,19
	24	0,99	0,95	0,91	0,87	0,82	0,78	0,76	0,67	0,62
	26	1,35	1,31	1,27	1,24	1,2	1,18	1,15	1,08	1,05

Tabla 4.6 Índice de valoración medio (IVM) (Continuación)

Nivel de actividad 125 Kcal/h.

Vestido clo	Temp. seca °C	Velocidad relativa (m/s)								
		<0,10	0,10	0,15	0,20	0,30	0,40	0,50	1,00	1,50
0	24	-1,14	-1,14	-1,35	-1,65					
	25	-0,72	-0,72	-0,95	-1,21					
	26	-0,3	-0,3	0,54	-0,78					
	27	0,11	0,11	-0,14	-0,34					
	28	0,52	0,48	0,27	0,1					
	29	0,92	0,85	0,69	0,54					
	30	1,31	1,23	1,1	0,99					
	31	1,71	1,62	1,52	1,45					
0,25	22	-0,95	-0,95	-1,12	-1,33	-1,64	-1,9	-2,11		
	23	-0,63	-0,63	-0,81	-0,99	-1,28	-1,51	-1,71	-2,38	
	24	-0,31	-0,31	-0,5	-0,66	-0,92	-1,13	-1,31	-1,91	-2,31
	25	0,01	0	-0,18	-0,33	-0,56	-0,75	-0,9	-1,45	-1,8
	26	0,33	0,3	0,14	0,01	-0,2	-0,36	-0,5	-0,98	-1,29
	27	0,64	0,59	0,45	0,34	0,16	0,02	-0,1	-0,51	-0,78
	28	0,95	0,89	0,77	0,68	0,53	0,41	0,31	-0,04	-0,27
	29	1,26	1,19	1,09	1,02	0,89	0,8	0,72	0,43	0,24
0,50	18	-1,36	-1,36	-1,49	-1,66	-1,93	-2,12	-2,29		
	20	-0,85	-0,85	-1	-1,14	-1,37	-1,54	-1,68	-2,15	-2,43
	22	-0,33	-0,33	-0,48	-0,61	-0,8	-0,95	-1,06	-1,46	-1,7
	24	0,19	0,17	0,04	-0,07	-0,22	-0,34	-0,44	-0,76	-0,96
	26	0,71	0,66	0,56	0,48	0,35	0,26	0,18	-0,07	-0,23
	28	1,22	1,16	1,09	1,03	0,94	0,87	0,81	0,63	0,51
	30	1,72	1,66	1,62	1,58	1,52	1,48	1,44	1,33	1,25
	32	2,23	2,19	2,17	2,16	2,13	2,11	2,1	2,05	2,02
0,75	16	-1,17	-1,17	-1,29	-1,42	-1,62	-1,77	-1,88	-2,26	-2,48
	18	-0,75	-0,75	-0,87	-0,99	-1,16	-1,29	-1,39	-1,72	-1,92
	20	-0,33	-0,33	-0,45	-0,55	-0,7	-0,82	-0,91	-1,19	-1,36
	22	0,11	0,09	-0,02	-0,1	-0,23	-0,32	-0,4	-0,64	-0,78
	24	0,55	0,51	0,42	0,35	0,25	0,17	0,11	-0,09	-0,2
	26	0,98	0,94	0,87	0,81	0,73	0,67	0,62	0,47	0,37
	28	1,41	1,36	1,31	1,27	1,21	1,17	1,13	1,02	0,95
	30	1,84	1,79	1,76	1,73	1,7	1,67	1,65	1,58	1,53
1,00	14	-1,05	-1,05	-1,16	-1,26	-1,42	-1,53	-1,62	-1,91	-2,07
	16	-0,69	-0,69	-0,8	-0,89	-1,03	-1,13	-1,21	-1,46	-1,61
	18	-0,32	-0,32	-0,43	-0,52	-0,64	-0,73	-0,8	-1,02	-1,15
	20	0,04	0,03	-0,07	-0,14	-0,25	-0,32	-0,38	-0,58	-0,69
	22	0,42	0,39	0,31	0,25	0,16	0,1	0,05	-0,12	-0,21
	24	0,8	0,76	0,7	0,65	0,57	0,52	0,48	0,35	0,27
	26	1,18	1,13	1,08	1,04	0,99	0,95	0,91	0,81	0,75
	28	1,55	1,51	1,47	1,44	1,4	1,37	1,35	1,27	1,23
1,25	12	-0,97	-0,97	-1,06	-1,15	-1,28	-1,37	-1,45	-1,67	-1,8
	14	-0,65	-0,65	-0,75	-0,82	-0,94	-1,02	-1,09	-1,29	-1,4
	16	-0,33	-0,33	-0,43	-0,5	-0,6	-0,67	-0,73	-0,91	-1,01
	18	-0,01	-0,02	-0,1	-0,17	-0,26	-0,32	-0,37	-0,53	-0,52
	20	0,32	0,29	0,22	0,17	0,09	0,03	-0,01	-0,15	-0,22
	22	0,65	0,62	0,56	0,52	0,45	0,4	0,36	0,25	0,18
	24	0,99	0,95	0,9	0,87	0,81	0,77	0,74	0,65	0,59
	26	1,32	1,28	1,25	1,22	1,18	1,14	1,12	1,05	1
1,50	10	-0,91	-0,91	-1	-1,08	-1,18	-1,26	-1,32	-1,51	-1,61
	12	-0,63	-0,63	-0,71	-0,78	-0,88	-0,95	-1,01	-1,17	-1,27
	14	-0,34	-0,34	-0,43	-0,49	-0,58	-0,64	-0,69	-0,84	-0,92
	16	-0,05	-0,06	-0,14	-0,19	-0,27	-0,33	-0,37	-0,5	-0,58
	18	0,24	0,22	0,15	0,11	0,04	-0,01	-0,05	-0,17	-0,23
	20	0,53	0,5	0,45	0,4	0,34	0,3	0,27	0,17	0,11
	22	0,83	0,8	0,75	0,72	0,67	0,63	0,6	0,52	0,47
	24	1,13	1,1	1,06	1,03	0,99	0,96	0,94	0,87	0,83

Tabla 4.6 Índice de valoración medio (IVM) (Continuación)

Nivel de actividad 145 Kcal/h.

Vestido clo	Temp. seca °C	Velocidad relativa (m/s)								
		<0,10	0,10	0,15	0,20	0,30	0,40	0,50	1,00	1,50
0	23	-1,12	-1,12	-1,29	-1,57					
	24	-0,74	-0,74	-0,93	-1,18					
	25	-0,36	-0,36	-0,57	-0,79					
	26	0,01	0,01	-0,2	-0,4					
	27	0,38	0,37	0,17	0					
	28	0,75	0,7	0,53	0,39					
	29	1,11	1,04	0,9	0,79					
	30	1,46	1,38	1,27	1,19					
0,25	16	-2,29	-2,29	-2,36	-2,62					
	18	-1,72	-1,72	-1,83	-2,06	-2,42				
	20	-1,15	-1,15	-1,29	-1,49	-1,8	-2,05	-2,26		
	22	-0,58	-0,58	-0,73	-0,9	-1,17	-1,38	-1,55	-2,17	-2,58
	24	-0,01	-0,01	-0,17	-0,31	-0,53	-0,7	-0,84	-1,35	-1,68
	26	0,56	0,53	0,39	0,29	0,12	-0,02	-0,13	-0,52	-0,78
	28	1,12	1,06	0,96	0,89	0,77	0,67	0,59	0,31	0,12
	30	1,66	1,6	1,54	1,49	1,42	1,36	1,31	1,14	1,02
0,50	14	-1,85	-1,85	-1,94	-2,12	-2,4				
	16	-1,4	-1,4	-1,5	-1,67	-1,92	-2,11	-2,26		
	18	-0,95	-0,95	-1,07	-1,21	-1,43	-1,59	-1,73	-2,18	-2,46
	20	-0,49	-0,49	-0,62	-0,75	-0,94	-1,08	-1,2	-1,59	-1,82
	22	-0,03	-0,03	-0,16	-0,27	-0,43	-0,55	-0,65	-0,98	-1,18
	24	0,43	0,41	0,3	0,21	0,08	-0,02	-0,1	-0,37	-0,53
	26	0,89	0,85	0,76	0,7	0,6	0,52	0,46	0,25	0,12
	28	1,34	1,29	1,23	1,18	1,11	1,06	1,01	0,86	0,77
0,75	14	-1,16	-1,16	-1,26	-1,38	-1,57	-1,71	-1,82	-2,17	-2,38
	16	-0,79	-0,79	-0,89	-1	-1,17	-1,29	-1,39	-1,7	-1,88
	18	-0,41	-0,41	-0,52	-0,62	-0,76	-0,87	-0,96	-1,23	-1,39
	20	-0,04	-0,04	-0,15	-0,23	-0,36	-0,45	-0,52	-0,76	-0,9
	22	0,35	0,33	0,24	0,17	0,07	-0,01	-0,07	-0,27	-0,39
	24	0,74	0,71	0,63	0,58	0,49	0,43	0,38	0,21	0,12
	26	1,12	1,08	1,03	0,98	0,92	0,87	0,83	0,7	0,62
	28	1,51	1,46	1,42	1,39	1,34	1,31	1,28	1,19	1,14
1,00	12	-1,01	-1,01	-1,1	-1,19	-1,34	-1,45	-1,53	-1,79	-1,94
	14	-0,68	-0,68	-0,78	-0,87	-1	-1,09	-1,17	-1,4	-1,54
	16	0,36	-0,36	-0,46	-0,53	-0,65	-0,74	-0,8	-1,01	-1,13
	18	0,04	-0,04	-0,13	-0,2	-0,3	-0,38	-0,44	-0,62	-0,73
	20	0,28	0,27	0,19	0,13	0,04	-0,02	-0,07	-0,23	-0,32
	22	0,62	0,59	0,53	0,48	0,41	0,35	0,31	0,17	0,1
	24	0,96	0,92	0,87	0,83	0,77	0,73	0,69	0,58	0,52
	26	1,29	1,25	1,21	1,18	1,14	1,1	1,07	0,99	0,94
1,25	10	-0,9	-0,9	-0,98	-1,06	-1,18	-1,27	-1,33	-1,54	-1,66
	12	-0,62	-0,62	-0,7	-0,77	-0,88	-0,96	-1,02	-1,21	-1,31
	14	-0,33	-0,33	-0,42	-0,48	-0,58	-0,65	-0,7	-0,87	-0,97
	16	-0,05	-0,05	-0,13	-0,19	-0,28	-0,34	-0,39	-0,54	-0,62
	18	0,24	0,22	0,15	0,1	0,03	-0,03	-0,07	-0,2	-0,28
	20	0,52	0,5	0,44	0,4	0,33	0,29	0,25	0,14	0,07
	22	0,82	0,79	0,74	0,71	0,65	0,61	0,58	0,49	0,43
	24	1,12	1,09	1,05	1,02	0,97	0,94	0,92	0,84	0,79
1,50	8	-0,82	-0,82	-0,89	-0,96	-1,06	-1,13	-1,19	-1,36	-1,45
	10	-0,57	-0,57	-0,65	-0,71	-0,8	-0,86	-0,92	-1,07	-1,16
	12	-0,32	-0,32	-0,39	-0,45	-0,53	-0,59	-0,64	-0,78	-0,85
	14	-0,06	-0,07	-0,14	-0,19	-0,26	-0,31	-0,36	-0,48	-0,55
	16	0,19	0,18	0,12	0,07	0,01	-0,04	-0,07	-0,19	-0,25
	18	0,45	0,43	0,38	0,34	0,28	0,24	0,21	0,11	0,05
	20	0,71	0,68	0,64	0,6	0,55	0,52	0,49	0,41	0,36
	22	0,97	0,95	0,91	0,88	0,84	0,81	0,79	0,72	0,68

Tabla 4.6 *Índice de valoración medio (IVM) (Continuación)*

Nivel de actividad 160 Kcal/h.

Vestido clo	Temp. seca °C	Velocidad relativa (m/s)								
		<0,10	0,10	0,15	0,20	0,30	0,40	0,50	1,00	1,50
0	22	-1,05	-1,05	-1,19	-1,46					
	23	-0,7	-0,7	-0,86	-1,11					
	24	-0,36	-0,36	-0,53	-0,75					
	25	-0,01	-0,01	-0,2	-0,4					
	26	0,32	0,32	0,13	-0,04					
	27	0,66	0,63	0,46	0,32					
	28	0,99	0,94	0,8	0,68					
	29	1,31	1,25	1,13	1,04					
0,25	16	-1,79	-1,79	-1,86	-2,09	-2,46				
	18	-1,28	-1,28	-1,38	-1,58	-1,9	-2,16	-2,37		
	20	-0,76	-0,76	-0,89	-1,06	-1,34	-1,56	-1,75	-2,39	-2,89
	22	-0,24	-0,24	-0,38	-0,53	-0,76	-0,95	-1,1	-1,65	-2,01
	24	0,28	0,28	0,13	0,01	-0,18	-0,33	-0,46	-0,9	-1,19
	26	0,79	0,76	0,64	0,55	0,4	0,29	0,19	-0,15	-0,38
	28	1,29	1,24	1,16	1,1	0,99	0,91	0,84	0,6	0,44
	30	1,79	1,73	1,68	1,65	1,59	1,54	1,5	1,36	1,27
0,50	14	-1,42	-1,42	-1,5	-1,66	-1,91	-2,1	-2,25		-2,51
	16	-1,01	-1,01	-1,1	-1,25	-1,47	-1,64	-1,77	-2,23	-1,94
	18	-0,59	-0,59	-0,7	-0,83	-1,02	-1,17	-1,29	-1,69	-1,36
	20	-0,18	-0,18	-0,3	-0,41	-0,58	-0,71	-0,81	-1,15	-0,78
	22	0,24	0,23	0,12	0,02	-0,12	-0,22	-0,31	-0,6	-0,19
	24	0,66	0,63	0,54	0,46	0,35	0,26	0,19	-0,04	0,4
	26	1,07	1,03	0,96	0,9	0,82	0,75	0,69	0,51	1
	28	1,48	1,44	1,39	1,35	1,29	1,24	1,2	1,07	
0,75	12	-1,15	-1,15	-1,23	-1,35	-1,53	-1,67	-1,78	-2,13	-2,33
	14	-0,81	-0,81	-0,89	-1	-1,17	-1,29	-1,39	-1,7	-1,89
	16	-0,46	-0,46	-0,56	-0,66	-0,8	-0,91	-1	-1,28	-1,44
	18	-0,12	-0,12	-0,22	-0,31	-0,43	-0,53	-0,61	-0,85	-0,99
	20	0,22	0,21	0,12	0,04	-0,07	-0,15	-0,21	-0,42	-0,55
	22	0,57	0,55	0,47	0,41	0,32	0,25	0,2	0,02	-0,09
	24	0,92	0,89	0,83	0,78	0,71	0,65	0,6	0,46	0,38
	26	1,28	1,24	1,19	1,15	1,09	1,05	1,02	0,91	0,84
1,00	10	-0,97	-0,97	-1,04	-1,14	-1,28	-1,39	-1,47	-1,73	-1,88
	12	-0,68	-0,68	-0,76	-0,84	-0,97	-1,07	-1,14	-1,38	-1,51
	14	-0,38	-0,38	-0,46	-0,54	-0,66	-0,74	-0,81	-1,02	-1,14
	16	-0,09	-0,09	-0,17	-0,24	-0,35	-0,42	-0,48	-0,67	-0,78
	18	0,21	0,2	0,12	0,06	-0,03	-0,1	-0,15	-0,31	-0,41
	20	0,5	0,48	0,42	0,36	0,29	0,23	0,18	0,04	-0,04
	22	0,81	0,78	0,73	0,68	0,62	0,57	0,53	0,41	0,35
	24	1,11	1,08	1,04	1	0,95	0,91	0,88	0,78	0,73
1,25	8	-0,84	-0,84	-0,91	-0,99	-1,1	-1,19	-1,25	-1,46	-1,57
	10	-0,59	-0,59	-0,66	-0,73	-0,84	-0,91	-0,97	-1,16	-1,26
	12	-0,33	-0,33	-0,4	-0,47	-0,56	-0,63	-0,69	-0,86	-0,95
	14	-0,07	-0,07	-0,14	-0,2	-0,29	-0,35	-0,4	-0,55	-0,63
	16	0,19	0,18	0,12	0,06	-0,01	-0,07	-0,11	-0,24	0,32
	18	0,45	0,44	0,38	0,33	0,26	0,22	0,18	0,06	0
	20	0,71	0,69	0,64	0,6	0,54	0,5	0,47	0,37	0,31
	22	0,98	0,96	0,91	0,88	0,83	0,8	0,77	0,69	0,64
1,50	-2	-1,63	-1,63	-1,68	-1,77	-1,9	-2	-2,07	-2,29	-2,41
	2	-1,19	-1,19	-1,25	-1,33	-1,44	-1,52	-1,58	-1,78	-1,88
	6	-0,74	-0,74	-0,8	-0,87	-0,97	-1,04	-1,09	-1,26	-1,35
	10	-0,29	-0,29	-0,36	-0,42	-0,5	-0,56	-0,6	-0,74	-0,82
	14	0,17	0,17	0,11	0,06	-0,01	-0,05	-0,09	-0,2	-0,26
	18	0,64	0,62	0,57	0,54	0,49	0,45	0,42	0,34	0,29
	22	1,12	1,09	1,06	1,03	1	0,97	0,95	0,89	0,85
	26	1,61	1,58	1,56	1,55	1,52	1,51	1,5	1,46	1,44

Tabla 4.6 Índice de valoración medio (IVM) (Continuación)

Nivel de actividad 180 Kcal/h.

Vestido clo	Temp. seca °C	Velocidad relativa (m/s)								
		<0,10	0,10	0,15	0,20	0,30	0,40	0,50	1,00	1,50
0	18		-2	-2,02	-2,35					
	20		-1,35	-1,43	-1,72					
	22		-0,69	-0,82	-1,06					
	24		-0,04	-0,21	-0,41					
	26		0,59	0,41	0,26					
	28		1,16	1,03	0,93					
	30		1,73	1,66	1,6					
	32		2,33	2,32	2,31					
0,25	16		-1,41	-1,48	-1,69	-2,02	-2,29	-2,51		
	18		-0,93	-1,03	-1,21	-1,5	-1,74	-1,93	-2,61	
	20		-0,45	-0,57	-0,73	-0,98	-1,18	-1,35	-1,93	-2,32
	22		0,04	-0,09	-0,23	-0,44	-0,61	-0,75	-1,24	-1,56
	24		0,52	0,38	0,28	0,1	-0,03	-0,14	-0,54	-0,8
	26		0,97	0,86	0,78	0,65	0,55	0,46	0,16	-0,04
	28		1,42	1,35	1,29	1,2	1,13	1,07	0,86	0,72
	30		1,88	1,84	1,81	1,76	1,72	1,68	1,57	1,49
0,50	14		-1,08	-1,16	-1,31	-1,53	-1,71	-1,85	-2,32	
	16		-0,69	-0,79	-0,92	-1,12	-1,27	-1,4	-1,82	-2,07
	18		-0,31	-0,41	-0,53	-0,7	-0,84	-0,95	-1,31	-1,54
	20		0,07	-0,04	-0,14	-0,29	-0,4	-0,5	-0,81	-1
	22		0,46	0,35	0,27	0,15	0,05	-0,03	-0,29	-0,45
	24		0,83	0,75	0,68	0,58	0,5	0,44	0,23	0,1
	26		1,21	1,15	1,1	1,02	0,96	0,91	0,75	0,65
	28		1,59	1,55	1,51	1,46	1,42	1,38	1,27	1,21
0,75	10		-1,16	-1,23	-1,35	-1,54	-1,67	-1,78	-2,14	-2,34
	12		-0,84	-0,92	-1,03	-1,2	-1,32	-1,42	-1,74	-1,93
	14		-0,52	-0,6	-0,7	-0,85	-0,97	-1,06	-1,34	-1,51
	16		-0,2	-0,29	-0,38	-0,51	-0,61	-0,69	-0,95	-1,1
	18		0,12	0,03	-0,05	-0,17	-0,26	-0,32	-0,55	-0,68
	20		0,43	0,34	0,28	0,18	0,1	0,04	-0,15	-0,26
	22		0,75	0,68	0,62	0,54	0,48	0,43	0,27	0,17
	24		1,07	1,01	0,97	0,9	0,85	0,81	0,68	0,61
1,00	8		-0,95	-1,02	-1,11	-1,26	-1,36	-1,45	-1,71	-1,86
	10		-0,68	-0,75	-0,84	-0,97	-1,07	-1,15	-1,38	-1,52
	12		-0,41	-0,48	-0,56	-0,68	-0,77	-0,84	-1,05	-1,18
	14		-0,13	-0,21	-0,28	-0,39	-0,47	-0,53	-0,72	-0,83
	16		0,14	0,06	0	-0,1	-0,16	-0,22	-0,39	-0,49
	18		0,41	0,34	0,28	0,2	0,14	0,09	-0,06	-0,14
	20		0,68	0,61	0,57	0,5	0,44	0,4	0,28	0,2
	22		0,96	0,91	0,87	0,81	0,76	0,73	0,62	0,56
1,25	-2		-1,74	-1,77	-1,88	-2,04	-2,15	-2,24	-2,51	-2,66
	2		-1,27	-1,32	-1,42	-1,55	-1,65	-1,73	-1,97	-2,1
	6		-0,8	-0,86	-0,94	-1,06	-1,14	-1,21	-1,41	-1,53
	10		-0,33	-0,4	-0,47	-0,56	-0,64	-0,69	-0,86	-0,96
	14		0,15	0,08	0,03	-0,05	-0,11	-0,15	-0,29	-0,37
	18		0,63	0,57	0,53	0,47	0,42	0,39	0,28	0,22
	22		1,11	1,08	1,05	1	0,97	0,95	0,87	0,83
	26		1,62	1,6	1,58	1,55	1,53	1,52	1,47	1,45
1,50	-4		-1,52	-1,56	-1,65	-1,78	-1,87	-1,95	-2,16	-2,28
	0		-1,11	-1,16	-1,24	-1,35	-1,44	-1,5	-1,69	-1,79
	4		-0,69	-0,75	-0,82	-0,92	-0,99	-1,04	-1,2	-1,29
	8		-0,27	-0,33	-0,39	-0,47	-0,53	-0,58	-0,72	-0,79
	12		0,15	0,09	0,05	-0,02	-0,07	-0,11	-0,22	-0,29
	16		0,58	0,53	0,49	0,44	0,4	0,37	0,28	0,23
	20		1,01	0,97	0,94	0,91	0,88	0,85	0,79	0,75
	24		1,47	1,44	1,43	1,4	1,38	1,36	1,32	1,29

Tabla 4.6 Índice de valoración medio (IVM) (Continuación)

Nivel de actividad 215 Kcal/h.

Vestido clo	Temp. seca °C	Velocidad relativa (m/s)								
		<0,10	0,10	0,15	0,20	0,30	0,40	0,50	1,00	1,50
0	16			-1,88	-2,22					
	18			-1,34	-1,63					
	20			-0,79	-1,05					
	22			-0,23	-0,44					
	24			0,34	0,17					
	26			0,91	0,78					
	28			1,49	1,4					
	30			2,07	2,03					
0,25	14			-1,31	-1,52	-1,85	-2,12	-2,34		
	16			-0,89	-1,08	-0,14	-1,61	-1,81	-2,49	
	18			-0,47	-0,63	-0,89	-1,1	-1,27	-1,87	-2,26
	20			-0,05	-0,19	-0,41	-0,58	-0,73	-1,24	-1,58
	22			0,39	0,28	0,09	-0,05	-0,17	-0,6	-0,88
	24			0,84	0,74	0,6	0,48	0,39	0,05	-0,17
	26			1,28	1,22	1,11	1,02	0,95	0,7	0,53
	28			1,73	1,69	1,62	1,56	1,51	1,35	1,24
0,50	12			-0,97	-1,11	-1,34	-1,51	-1,65	-2,12	-2,4
	14			-0,62	-0,76	-0,96	-1,11	-1,24	-1,65	-1,91
	16			-0,28	-0,4	-0,58	-0,71	-0,82	-1,19	-1,42
	18			0,07	-0,03	-0,19	-0,31	-0,41	-0,73	-0,92
	20			0,42	0,33	0,2	0,1	0,01	-0,26	-0,43
	22			0,78	0,71	0,6	0,52	0,45	0,22	0,08
	24			1,15	1,09	1	0,94	0,88	0,7	0,59
	26			1,52	1,47	1,41	1,36	1,32	1,19	1,11
0,75	10			-0,71	-0,82	-0,99	-1,11	-1,21	-1,53	-1,71
	12			-0,42	-0,52	-0,67	-0,79	-0,88	-1,16	-1,33
	14			-0,13	-0,22	-0,36	-0,46	-0,54	-0,79	-0,94
	16			0,16	0,08	-0,04	-0,13	-0,2	-0,42	-0,56
	18			0,45	0,38	0,28	0,2	0,14	-0,05	-0,17
	20			0,75	0,69	0,6	0,54	0,49	0,32	0,22
	22			1,06	1,01	0,94	0,88	0,84	0,7	0,62
	24			1,37	1,33	1,27	1,23	1,2	1,09	1,02
1,00	6			-0,78	-0,87	-1,01	-1,12	-1,2	-1,45	-1,6
	8			-0,54	-0,62	-0,75	-0,85	-0,92	-1,15	-1,29
	10			-0,29	-0,37	-0,49	-0,57	-0,64	-0,86	-0,98
	12			-0,04	-0,11	-0,22	0,29	0,36	0,55	0,66
	14			0,21	0,15	0,06	-0,01	-0,07	-0,24	-0,34
	16			0,47	0,41	0,33	0,27	0,22	0,07	-0,02
	18			0,73	0,68	0,6	0,55	0,51	0,38	0,3
	20			0,98	0,94	0,88	0,84	0,8	0,69	0,62
1,25	-4			-1,46	-1,56	-1,72	-1,83	-1,91	-2,17	-2,32
	0			-1,05	-1,14	-1,27	-1,37	-1,44	-1,67	-1,8
	4			-0,62	-0,7	-0,81	-0,9	-0,96	-1,16	1,27
	8			-0,19	-0,26	-0,35	-0,42	-0,48	-0,64	-0,74
	12			0,25	0,2	0,12	0,06	0,02	-0,12	-0,2
	16			0,7	0,66	0,6	0,55	0,52	0,41	0,35
	20			1,16	1,13	1,08	1,05	1,02	0,94	0,9
	24			1,65	1,63	1,6	1,57	1,56	1,51	1,48
1,50	-8			-1,44	-1,53	-0,17	-1,76	-1,83	-2,05	-2,17
	-4			-1,07	-1,15	-1,27	-1,35	-1,42	-1,61	-1,72
	0			-0,7	-0,77	-0,87	-0,94	-1	-1,17	-1,27
	4			-0,31	-0,37	-0,46	-0,53	-0,57	-0,72	-0,8
	8			0,07	0,02	-0,05	-0,1	-0,14	-0,27	-0,34
	12			0,47	0,43	0,37	0,33	0,29	0,19	0,14
	16			0,88	0,85	0,8	0,77	0,74	0,66	0,62
	20			1,29	1,27	1,24	1,21	1,19	1,13	1,1

Tabla 4.6 Índice de valoración medio (IVM) (Continuación)

Nivel de actividad 270 Kcal/h.

Vestido clo	Temp. seca °C	Velocidad relativa (m/s)								
		<0,10	0,10	0,15	0,20	0,30	0,40	0,50	1,00	1,50
0	14				-1,92	-2,49				
	16				-1,36	-1,87				
	18				-0,8	-1,24				
	20				-0,24	-0,61				
	22				0,34	0,04				
	24				0,93	0,7				
	26				1,52	1,36				
	28				2,12	2,02				
0,25	12				-1,19	-1,53	-1,8	-2,02		
	14				-0,77	-1,07	-1,31	-1,51	-2,21	
	16				-0,35	-0,61	-0,82	-1	-1,61	-2,02
	18				0,08	-0,15	-0,33	-0,48	-1,01	-1,36
	20				0,51	0,32	0,17	0,04	-0,41	-0,71
	22				0,96	0,8	0,68	0,57	0,21	-0,03
	24				1,41	1,29	1,19	1,11	0,83	0,64
	26				1,87	1,78	1,71	1,65	1,45	1,32
0,50	10				-0,78	-1	-1,18	-1,32	-1,79	-2,07
	12				-0,43	-0,64	-0,79	-0,92	-1,34	-1,6
	14				-0,09	-0,27	-0,41	-0,52	-0,9	-1,13
	16				0,26	0,1	-0,02	0,12	0,45	0,65
	18				0,61	0,47	0,37	0,28	0	0,18
	20				0,96	0,85	0,76	0,68	0,45	0,3
	22				1,33	1,24	1,16	1,1	0,91	0,79
	24				1,7	1,63	1,57	1,53	1,38	1,28
0,75	6				-0,75	-0,93	-1,07	-1,18	-1,52	-1,72
	8				-0,47	-0,64	-0,76	-0,86	-1,18	-0,14
	10				-0,19	-0,34	-0,45	-0,54	-0,83	-1
	12				0,1	-0,03	-0,14	-0,22	-0,48	-0,63
	14				0,39	0,27	0,18	0,11	0,12	0,26
	16				0,69	0,58	0,5	0,44	0,24	0,12
	18				0,98	0,89	0,82	0,77	0,59	0,49
	20				1,28	1,2	1,14	1,1	0,95	0,87
1,00	6				-1,68	-1,88	-2,03	-2,14	-2,5	-2,7
	-2				-1,22	-1,39	-1,52	-1,62	-1,94	-2,12
	2				-0,74	-0,9	-1,01	-1,1	-1,37	-1,53
	6				-0,26	-0,39	-0,49	-0,56	-0,8	-0,93
	10				0,22	0,12	0,04	0,02	0,22	-0,33
	14				0,73	0,64	0,58	0,53	0,38	0,29
	18				1,24	1,18	1,13	1,09	0,97	0,91
	22				1,77	1,73	1,69	1,67	1,59	1,54
1,25	-8				-1,36	-1,52	-1,64	-1,73	-2	-2,15
	-4				-0,95	-1,1	-1,2	-1,28	-1,52	-1,65
	0				-0,54	-0,66	-0,75	-0,82	-1,03	-1,15
	4				0,12	-0,22	-0,3	-0,36	-0,54	-0,64
	8				0,31	0,22	0,16	0,11	-0,04	-0,13
	12				0,75	0,68	0,63	0,59	0,47	0,4
	16				1,2	1,15	1,11	1,08	0,98	0,93
	20				1,66	1,62	1,59	1,57	1,5	1,46
1,50	-10				1,13	-1,26	-1,35	-1,42	-1,64	-1,76
	-6				0,76	-0,87	-0,96	-1,02	-1,21	-1,32
	-2				-0,39	-0,49	-0,56	-0,62	-0,79	-0,88
	2				-0,01	0,1	-0,16	-0,21	-0,36	-0,44
	6				0,38	0,3	0,25	0,21	0,08	0,01
	10				0,76	0,7	0,66	0,62	0,52	0,46
	14				1,17	1,12	1,09	1,06	0,98	0,93
	18				1,58	1,54	1,52	1,5	1,44	1,4

Cuando no se cumple que la humedad relativa sea del 50% y/o que la TRM sea igual a la ts debemos corregir el IVM en función de la siguiente expresión:

$$IVM_{final} = IVM + fh \ (HR - 50) + fr \ (TRM - ts)$$

donde: ts   = temperatura seca (°C)
         TRM = temperatura radiante media (°C)
         HR   = humedad relativa (%)
         fh   = factor de corrección de IVM en función de la humedad (según la figura 4.15)
         fr   = factor de corrección de IVM en función de TRM (según la figura 4.16)

A continuación se muestran ambas figuras.

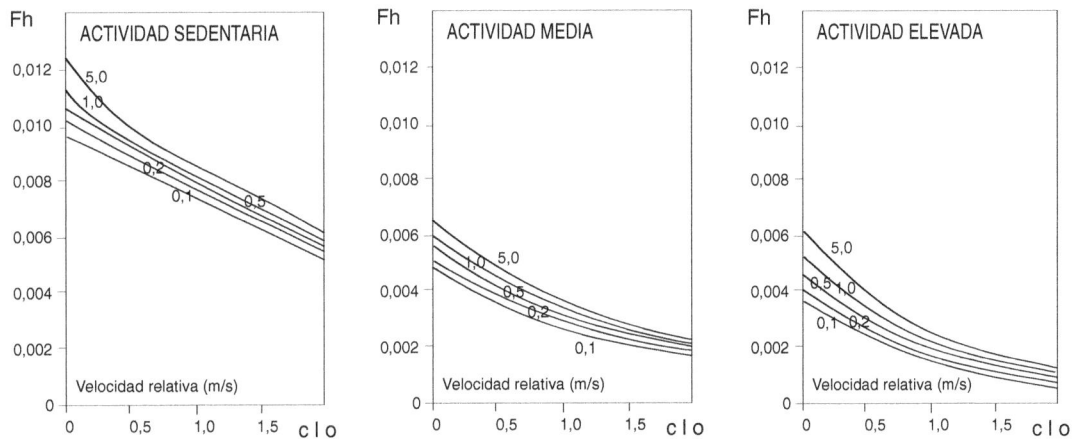

Fig. 4.15 Factor de corrección del IVM para HR distinta al 50%

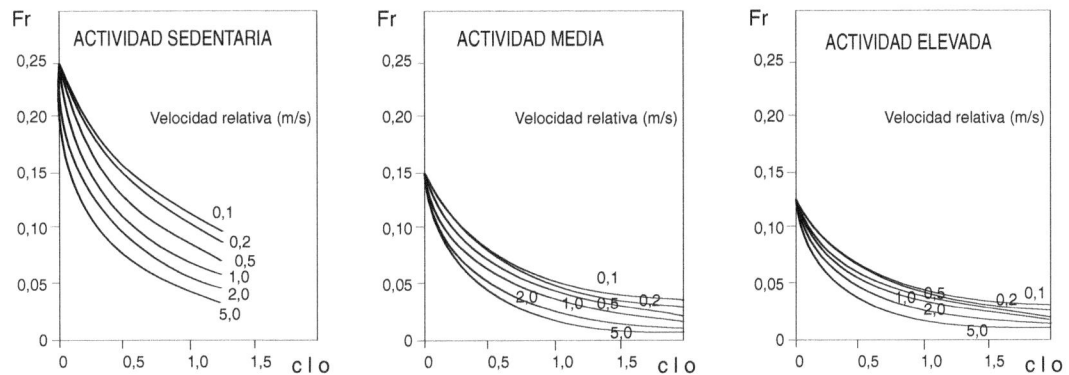

Fig. 4.16 Factor de corrección del IVM cuando TRM es distinta de temperatura seca.

La temperatura radiante media se puede calcular, a través de la siguiente expresión:

$$TRM = ((tg + 273)^4 + [(1,1 \times 10^8 v^{0,6}) / (0,95 \times d^{0,4})] \times (tg - ts))^{0,25} - 273$$

donde:

tg = temperatura de globo (°C)
v = velocidad relativa del aire (m/s)
d = diámetro del globo
ts = temperatura del aire (°C)

Conociendo el IVM_{final} podemos calcular el porcentaje de personas insatisfechas PI mediante el gráfico de la figura 4.15. Observando dicho gráfico podemos ver que incluso cuando la situación del IVM es cero, es decir, para condiciones térmicas óptimas, el grado de insatisfechos será del 5%.

Se recomienda que en la aplicación de Fanger no se sobrepase el 10% de insatisfechos, o lo que es lo mismo, que no se sobrepase el valor (±0,5), a partir de ese valor se recomienda la intervención.

Conclusiones

Existen otros métodos que permiten establecer condiciones de confort o bienestar térmico a través de tablas, teniendo los valores de los factores microclimáticos. Por otra parte, a pesar de las ventajas (y desventajas) de los diferentes índices, el mejor control de la sobrecarga térmica se logra mediante un análisis de la ecuación de balance térmico, donde se descubre al causante o causantes de la sobrecarga: M, R, C o E.

No obstante, en ocasiones es imposible por diversas razones establecer situaciones de confort en un puesto. Bajo tales condiciones, la ergonomía debe hallar soluciones que al menos sitúen el trabajo en condiciones permisibles o, de lo contrario, establecer regímenes de trabajo y descanso, rotación de tareas, etc. para los cuales existen también determinadas técnicas. Dicho con otras palabras, conseguir un entorno que imponga una carga lo más pequeña posible para el sistema termorregulador corporal, teniendo en cuenta la eficiencia productiva del sistema.

5 Ambiente acústico

Definiciones y conceptos

Se entiende por sonido la vibración mecánica de las moléculas de un gas, de un líquido, o de un sólido -como el aire, el agua, las paredes, etcétera-, que se propaga en forma de ondas, y que es percibido por el oído humano; mientras que el ruido es todo sonido no deseado, o que produce daños fisiológicos y/o psicológicos o interferencias en la comunicación.

El sonido se puede caracterizar y definir mediante dos parámetros: presión acústica y frecuencia.

La presión acústica, o sonora (p) es la raíz media cuadrática de la variación periódica de la presión en el medio donde se propaga la onda sonora. La unidad de medida de la presión acústica es el pascal (Pa) (Pa = N/m^2). También es usual la utilización, en lugar de la presión acústica, de la intensidad acústica, o sonora (I), cuya unidad de medida es el W/m^2.

La frecuencia (f) es el número de ciclos de una onda que se completan en un segundo y su unidad de medida es el hertz (Hz), que equivale a un ciclo por segundo.

El oído percibe las variaciones periódicas de presión en forma de sonido cuando su frecuencia está entre los 16 y 16000 Hz aproximadamente, según la sensibilidad de las personas, y su presión acústica entre 2 x 10^5 Pa y 2 x 10^4 Pa (en el caso de la intensidad acústica, su escala audible está entre 10^{-12} W/m^2 y 10^4 W/m^2); este intervalo varía de acuerdo con el tipo de sonido, las características individuales, sexo, edad, fatiga, grado de concentración, etcétera.

Por otra parte, es conveniente definir la potencia sonora, que es la energía total radiada por una fuente en la unidad de tiempo, y su unidad es el watt (W).

Como se puede apreciar, la enorme amplitud de los intervalos que determinan la presión acústica y la intensidad acústica son notables y hacen poco práctico su uso, por cuanto se ha hecho necesario emplear una unidad de medida que facilite su empleo. Por tal motivo se utiliza el decibelio (dB), unidad que refleja la presión acústica (y la intensidad acústica), y como herramienta matemática que simplifica la escala de los valores de éstas, que a la vez es compatible con la sensibilidad del oído que percibe logarítmicamente el sonido.

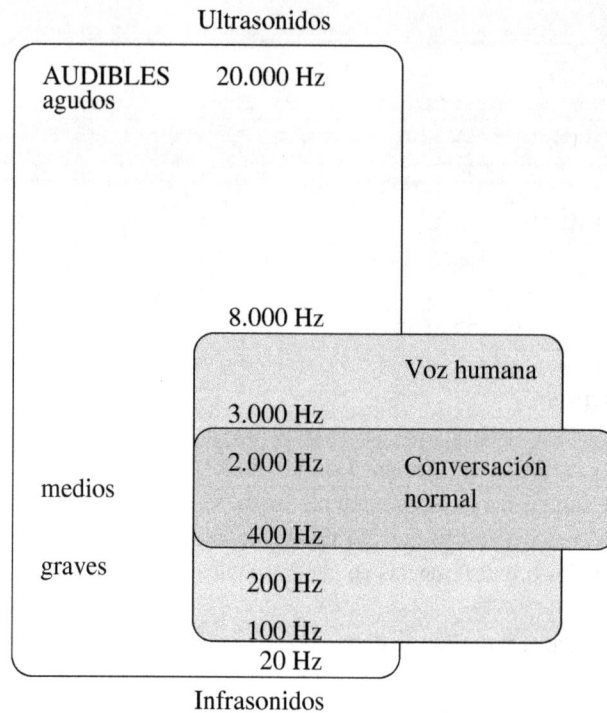

Ultrasonidos

AUDIBLES   20.000 Hz
agudos

8.000 Hz

Voz humana

3.000 Hz

2.000 Hz   Conversación
medios   normal
400 Hz

graves   200 Hz

100 Hz
20 Hz

Infrasonidos

Fig. 5.1 Espectro de frecuencias audibles

De ahí que se define el nivel de presión acústica Lp, con la siguiente expresión:

$$L_p = 20 \log \frac{p}{p_0} \quad (dB)$$

en la que:

p   es la raíz media cuadrática de la variación periódica de la presión del sonido investigado

p_0 es la presión acústica tomada convencionalmente como patrón del sonido más débil que puede ser percibido por jóvenes normales (2×10^{-5} Pa).

En ocasiones, durante el estudio del ambiente acústico, es necesario efectuar sumas y restas de niveles de presión acústicos. Para ello hay que tener en cuenta que la escala de los decibelios es logarítmica, por lo que la suma de dos sonidos, por ejemplo, de 70 dB cada uno, no es en modo alguno 140, pues: 70 dB + 70 dB = 73 dB, ya que las operaciones son logarítmicas.

Con el fin de facilitar el análisis de los sonidos, se divide el intervalo de frecuencias audibles en bandas de frecuencias que se denominan según sus frecuencias centrales de cada banda, de la

Valor de corrección ΔL

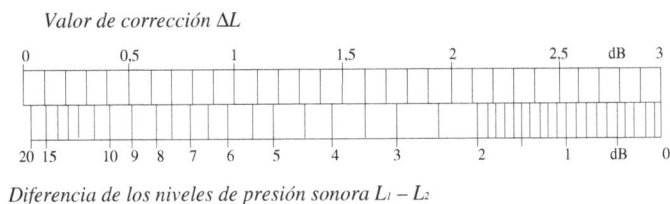

Diferencia de los niveles de presión sonora L$_1$ – L$_2$

Fig. 5.2 Tabla para la suma niveles de presión acústica (NPA)

Valor de corrección ΔL

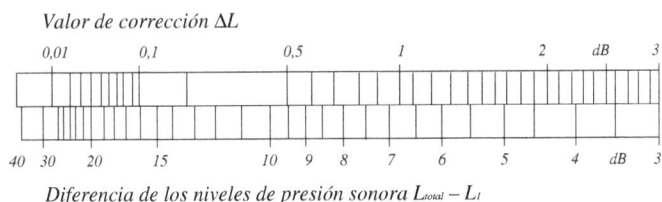

Diferencia de los niveles de presión sonora L$_{total}$ – L$_1$

Fig. 5.3 Tabla para la resta de NPA

siguiente forma: 31,5; 63; 125; 250; 500; 1000; 2000; 4000 y 8000 Hz. Estas bandas, llamadas bandas de octavas, a su vez pueden dividirse, para mayor precisión en el análisis, en tercios de bandas de octavas.

Generalmente los sonidos no están constituidos por una sola frecuencia (sonido simple o tono puro), sino que su espectro está formado por múltiples frecuencias (sonidos complejos); este espectro, para el análisis del sonido, se puede descomponer mediante los filtros de un analizador de frecuencias.
No es usual que las frecuencias de un sonido complejo posean la misma presión acústica. Así pues, los sonidos cotidianos presentes en la industria, en la vía pública, en el hogar, etcétera, son sonidos complejos, constituidos por muchas frecuencias, cada una de las cuales posee un nivel de presión acústica diferente y, además, variable en el tiempo.

Fisiología del oído humano

El oído humano se puede dividir en tres partes: oído externo, oído medio y oído interno (Fig. 5.4).

El oído externo está formado por el pabellón de la oreja, el conducto auditivo y el tímpano, el cual vibra con las variaciones de la presión sonora que incide sobre él. Las características geométricas y materiales del conducto auditivo posibilitan que el aparato auditivo posea una mayor sensibilidad para las frecuencias entre 2000 y 4000 Hz gracias al fenómeno de resonancia que en él se manifiesta.
El oído medio está formado por tres huesecillos articulados: martillo, yunque y estribo, que trasmiten las vibraciones sonoras a la ventana oval, que es la frontera con el oído interno. Este mecanismo óseo

amplifica la señal al poseer la membrana timpánica una superficie unas 20 veces mayor que la ventana oval.

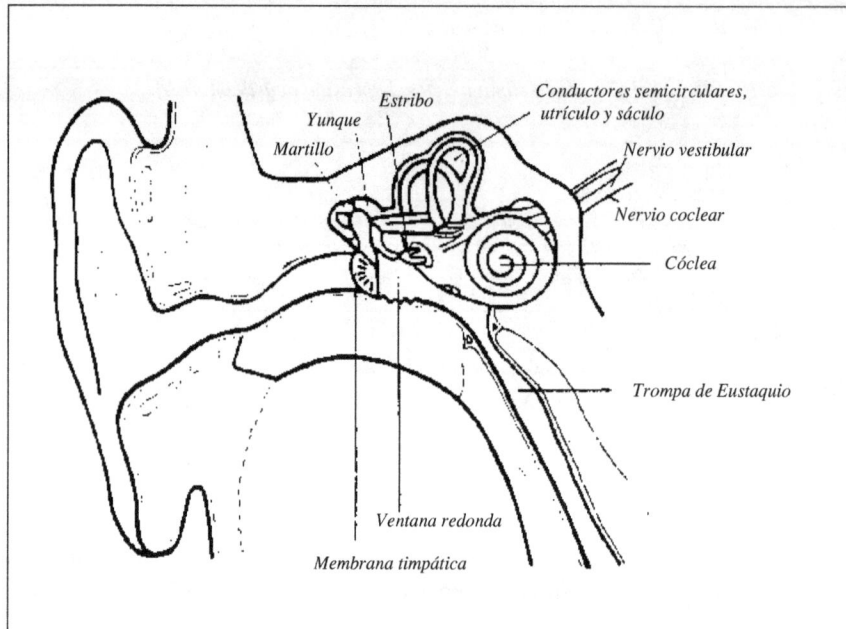

Fig. 5.4 Esquema del oído

Las presiones entre los oídos externo y medio se estabilizan mediante la trompa de Eustaquio.

El oído interno o laberinto contiene unos líquidos (perilinfa y endolinfa) que se desplaza con las variaciones de presión dentro del caracol, nombre que recibe por su forma, en el que se encuentra el órgano de Corti, que posee entre 20.000 y 30.000 células pilosas (fibras basilares) de diferentes longitudes que vibran según la frecuencia del sonido y que convierten las vibraciones mecánicas en impulsos nerviosos que son trasmitidos al cerebro a través del nervio ótico o auditivo.

Para niveles iguales de presión acústica, afectan más al oído las altas frecuencias que las bajas. Tal como se observa en la figura 5.5, que representa las curvas de calificación de ruido ISO. Por ejemplo, para dos ruidos de 80 dB, el de 63 Hz está calificado como 55 dBN, mientras que uno de 4000 Hz está calificado como 85 dBN, o sea, que para el mismo nivel de presión sonora, el oído recibe efectos diferentes en función de la frecuencia del sonido.

Como ejemplo, a continuación se comparan algunos sonidos conocidos. Debe aclararse que son valores aproximados, ya que, por ejemplo, todas las motocicletas sin silenciador no producen el mismo nivel de presión acústica a la misma distancia:

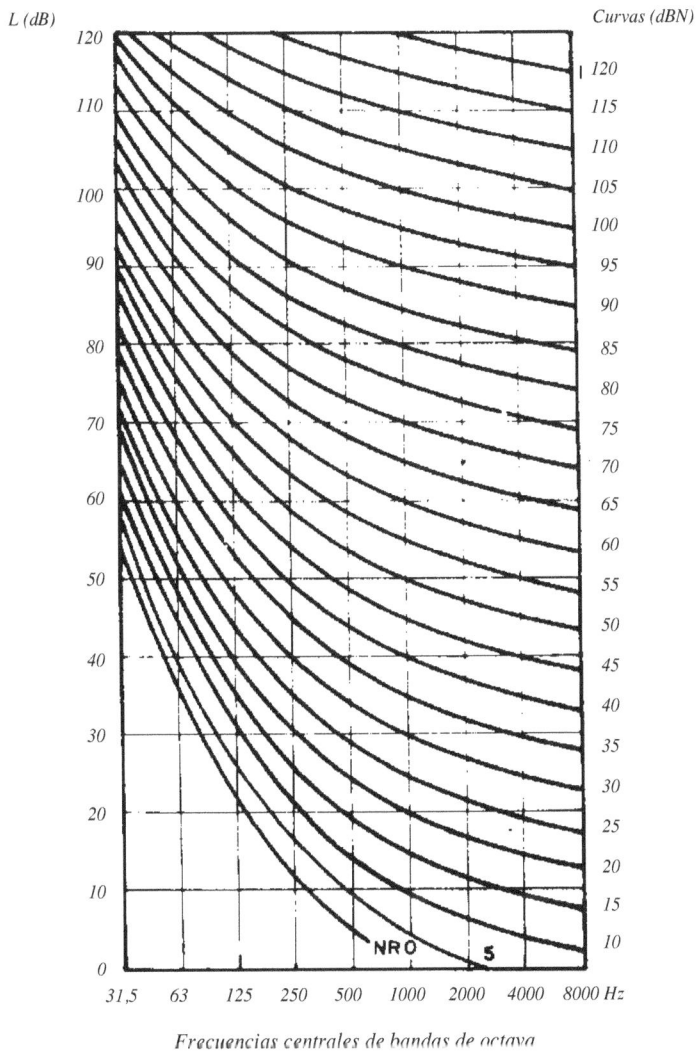

Fig. 5.5 Curvas de calificación de ruidos

Sonido	p	L_p
Mínimo audible para 1000 Hz	2×10^{-5} Pa	0 dB
Conversación moderada	2×10^{-3}	40
Llamada en alta voz a 1 m	2×10^{-1}	80
Motocicleta sin silenciador a 1 m	2	100
Límite de dolor para 1000 Hz	20	120

Por otra parte, el mínimo audible para 1000 Hz mostrado en el ejemplo anterior también es relativo, porque sin duda habrá personas capaces de percibir sonidos de 1000 Hz con una presión sonora (p) menor que 2×10^{-5} Pa, convenido internacionalmente; en tal caso, el valor del nivel de presión acústica (Lp) tendrá forzosamente que ser negativo.

Afectaciones que produce el ruido en el hombre

El inadecuado diseño de las condiciones acústicas puede inhibir la comunicación hablada, rebajar la productividad, enmascarar las señales de advertencia, reducir el rendimiento mental, incrementar la tasa de errores, producir náuseas y dolor de cabeza, pitidos en los oidos, alterar temporalmente la audición, causar sordera temporal, disminuir la capacidad de trabajo físico, etc... Todo esto ha llevado a que Wisner (1988) haya sugerido la búsqueda de un índice de malestar relacionado con el ruido.

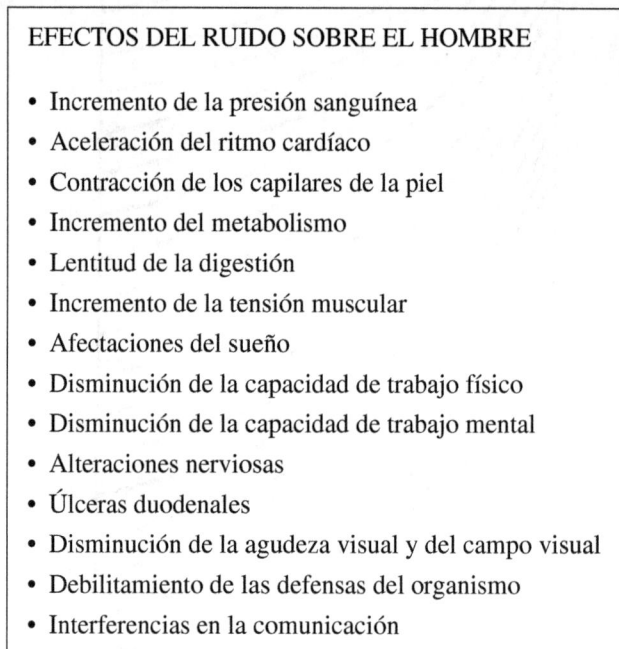

EFECTOS DEL RUIDO SOBRE EL HOMBRE

- Incremento de la presión sanguínea
- Aceleración del ritmo cardíaco
- Contracción de los capilares de la piel
- Incremento del metabolismo
- Lentitud de la digestión
- Incremento de la tensión muscular
- Afectaciones del sueño
- Disminución de la capacidad de trabajo físico
- Disminución de la capacidad de trabajo mental
- Alteraciones nerviosas
- Úlceras duodenales
- Disminución de la agudeza visual y del campo visual
- Debilitamiento de las defensas del organismo
- Interferencias en la comunicación

Fig. 5.6 Efectos del ruido sobre el hombre

El ruido puede provocar en el hombre desde ligeras molestias hasta enfermedades graves de diversa naturaleza. En niveles de presión acústica bajos, de entre 30 y 60 dB, se inician las molestias psíquicas de irritabilidad, pérdida de atención y de interés, etcétera. A partir de los 60 dB y hasta los 90 dB aparecen las reacciones neurovegetativas, como el incremento de la tensión arterial, la vasoconstricción periférica, la aceleración del ritmo cardíaco, el estrechamiento del campo visual, la aparición de la fatiga, etc... para largos períodos de exposición puede iniciarse la pérdida de la audición por lesiones en el oído interno. A los 120 dB se llega al límite del dolor y a los 160 dB se puede producir la rotura del tímpano, calambres, parálisis y muerte.

Independientemente de estas afecciones, se ha establecido que las exposiciones prolongadas en ambientes ruidosos provocan el debilitamiento de las defensas del organismo frente a diversas dolencias, sobre todo cuando el sujeto posee predisposición a las mismas, úlceras duodenales, neurosis, etcétera, y según diversos investigadores, pueden presentarse la disminución y pérdida del líbido y de la potencia sexual.

Pero aunque no se alcancen los niveles críticos que ponen en peligro al sujeto, el ruido también baja el rendimiento intelectual. Miller (1974) mostró los efectos negativos del ruido en función de la complejidad del trabajo. Así pues, debe prestarse atención a todas las facetas del ruido en relación a los requerimientos de la tarea que implica cualquier tipo de actividad.

Legalmente, el nivel de presión acústica para una exposición de 8 horas no debe exceder de los 85 dB(A). Las exposiciones cortas no deben exceder de los 135 dB(A), excepto para el ruido de impulso cuyo nivel instantáneo nunca debe exceder de los 140 dB(A) (R.D 1316/ 1989).

Curvas de ponderación

Las mediciones de sonido se pueden efectuar con diversos instrumentos, como son los sonómetros y los dosímetros. La diferencia de sensibilidad existente entre el oído humano y los instrumentos frente a las diversas frecuencias existentes, se supera mediante el uso de filtros, que más o menos logran simular la sensibilidad humana, siguiendo las curvas de ponderación.

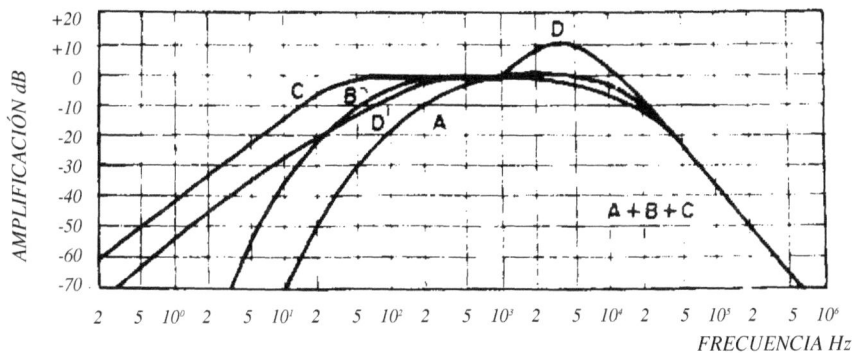

Fig. 5.7 Curvas de ponderación

Para ello, y según los objetivos que se persigan, además de la medición global del nivel de presión acústica, existen cuatro filtros que miden el sonido siguiendo dichas curvas de ponderación denominadas: A, B, C y D. En la figura 5.7 se pueden observar dichas curvas, donde la curva A es la más próxima a la curva de sensibilidad del oído humano. Y en la Tabla 5.1 se pueden observar las equivalencias entre las curvas A, B, C y D.

De manera que cuando se efectúa una medición utilizando el filtro A, el resultado se obtiene en decibeles A y se expresa: LpA, que convencionalmente recibe el nombre de nivel de presión acústica ponderado A (también denominado por muchos autores nivel sonoro o nivel acústico: LdB(A), para diferenciarlo del nivel de presión acústica Lp.

Tabla 5.1 Correcciones de la presión sonora según las curvas de valoración de la frecuencia.

Frecuencia en Hz	Transcurso relativo de frecuencia en dB			
	Curva A	Curva B	Curva C	Curva D
10	-70,4	-38,2	-14,3	
12,5	-63,4	-33,2	-11,2	
16	-56,7	-28,5	-8,5	
20	-50,5	-24,2	-6,2	
25	-44,7	-20,4	-4,4	
31,5	-39,4	-17,1	-3,0	
40	-34,6	-14,2	-2,0	-14
50	-30,2	-11,6	-1,3	-12
63	-26,2	-9,3	-0,8	-11
82	-22,5	-7,4	-0,5	-9
100	-19,1	-5,6	-0,3	-7
125	-16,1	-4,2	-0,2	-6
160	-13,3	-3,0	-0,1	-5
200	-10,9	-2,0	-0	-3
250	-8,6	-1,3	0	-2
315	-6,6	-0,8	0	-1
400	-4,8	-0,5	0	0
500	-3,2	-0,3	0	0
630	-1,9	-0,1	0	0
800	-0,8	0	0	0
1000	0	0	0	0
1250	+0,6	0	0	2
1600	+1,0	0	-0,1	6
2000	+1,2	-0,1	-0,2	8
2500	+1,3	-0,2	-0,3	10
3150	+1,2	-0,4	-0,5	11
4000	+1,0	-0,7	-0,8	11
5000	+0,5	-1,2	-1,3	10
6300	-0,1	-1,9	-2,0	9
8000	-1,1	-2,09	-3,0	6
10000	-2,5	-4,3	-4,4	3
12500	-4,3	-6,3	-6,2	0
1600	-6,6	-8,5	-8,5	
20000	-9,3	-11,2	-11,2	

Tipos de sonido en función del tiempo

El sonido puede ser de diferentes tipos según su comportamiento en el tiempo:

1. Ruido continuo o constante, cuando sus variaciones no superan los 5 dB durante la jornada de 8 horas de trabajo.

2. Ruido no continuo o no constante, cuando sus variaciones superan los 5 dB durante la jornada de 8 horas de trabajo.

Este, a su vez, puede ser de dos tipos: intermitente y fluctuante.

Ruido intermitente es aquel cuyo nivel disminuye repentinamente hasta el nivel de ruido de fondo varias veces durante el período de medición y que se mantiene a un nivel superior al del ruido de fondo durante 1 segundo al menos.

Ruido fluctuante es el que cambia su nivel constantemente y de forma apreciable durante el período de medición.

3. Ruido de impacto o de impulso es el que varía en una razón muy grande en tiempos menores de 1 segundo, como son un martillazo, un disparo, etc.

Existen normas establecidas para la medición del ruido según su tipo. El caso más sencillo es cuando el ruido es continuo, para lo cual sólo es necesaria la medición de éste (Lp). Pero cuando el ruido no es continuo, es necesario calcular el nivel de presión acústica continuo equivalente, que en el caso de ser medido con el filtro A, se expresará: $L_{Aeq,T}$ (Fig. 5.8).

$$L_{A\,eq,\,T} = 10\,\log\left[\frac{1}{T}\int_{t_1}^{t_2}\left(\frac{p_A(t)}{p_0}\right)^2 dt\right]$$

Siendo:

P_A = presión acústica ponderado A en pascales

P_0 = presión de referencia ($2 \cdot 10^{-5}$ pascales)

Fig. 5.8 Nivel de presión acústica contínuo equivalente ponderado (A)

Muchas veces se hace necesraio medir el nivel diario equivalente, $L_{Aeq,d}$, o el semanal, $L_{Aeq,s}$ (Fig. 5.9).

$$L_{A\,eq,\,d} = L_{A\,eq,\,T} + 10\,\log\frac{T}{8}$$

Siendo:

T = el tiempo de exposición al ruido del trabajador

Fig. 5.9 Nivel diario equivalente ponderado (A)

En el caso de los ruidos de impacto, las mediciones se harán del nivel de pico, L$_{MAX}$ (Fig. 5.10).

$$L\text{máx} = 10 \log \left(\frac{p_{máx}}{p_0} \right)^2$$

Siendo: $p_0 = 2 \cdot 10^{-5}$ N/m^2 (pascal)

Características del sonómetro para medir $p_{máx}$:
debe tener una constante de tiempo >100 μ segundos

Con un sonómetro IMPULSE y ponderación (A) según CEI 651

SI

dB(A) impulse <130 dB(A) $\longrightarrow$ dBpico <140 dB

Fig. 5.10 Medición del nivel de pico

Todas las mediciones deberán ser efectuadas tal como está establecido en el Real Decreto 1316/1989, del 27/10/89 (B.O.E. 263).

Propagación y control del ruido

Sin duda alguna, la solución idónea está en el control del ruido en las propias fuentes que lo producen, es decir, impedir que se produzca el ruido y, si esto no es posible, disminuir su generación, o evitar o disminuir su propagación. Para ello existen una serie de medidas, varias de las cuales se enumeran a continuación:

1. Utilización de procesos, equipos y materias primas menos ruidosos.

2. Disminuir la velocidad de los equipos ruidosos.

3. Aumentar la amortiguación de equipos, superficies y partes vibrantes.

4. Optimizar la rigidez de las estructuras, uniones y partes de las máquinas.

5. Incrementar la masa de las cubiertas vibrantes.

6. Disminuir el área de las superficies vibrantes.

7. Practicar un buen mantenimiento preventivo como: lubricación, ajuste de piezas, etcétera.

8. Encapsulamiento y apantallamiento de la fuente de ruido.

9. Recubrimiento de partes metálicas mediante materiales amortiguadores.

10. Aislamiento de equipos ruidosos en locales separados.

11. Instalación de tabiques.

12. Recubrimiento de paredes, techos, suelos, etcétera, mediante materiales absorbentes.

13. Resonadores acústicos: mecánicos o electrónicos. Los mecánicos reflejan invertida la onda que reciben, mientras que los electrónicos generan una onda invertida. En ambos casos la onda incidente y la onda reflejada (o emitida) se anulan.

14. Y finalmente si no queda otra opción: Protección individual mediante tapones, orejeras, cascos y cabinas.

El sonido se propaga de forma diferente, según el medio, por lo que para pretender efectuar un adecuado control del ruido en un local, por ejemplo, es imprescindible conocer las propiedades acústicas de los materiales, el área que ocupan, su posición respecto a las fuentes de ruido y el comportamiento de las ondas acústicas frente a ellos.

En general, los materiales absorben una parte del ruido que incide sobre ellos y reflejan el resto. La relación de ruido absorbido por una superficie, respecto al total del ruido que incide sobre ella, se denomina coeficiente de absorción sonora (α) (Fig. 5.11).

$$\alpha = \frac{Lp \ (absorbido)}{Lp \ (incidente)}$$

Como α depende de las características de la superficie y de la frecuencia del sonido que incide sobre ella, cada superficie poseerá un coeficiente de absorción para cada frecuencia sonora. De esta manera un ruido complejo, al incidir sobre una superficie, no se comportará homogéneamente y sus distintas frecuencias componentes serán absorbidas y reflejadas en proporciones distintas, de acuerdo con los α del material frente a cada una, exactamente como ocurre con la luz cuando incide sobre una superficie.

Existen tablas de materiales (ladrillo, yeso, hormigón, cemento, azulejos, mosaicos, maderas, etcétera) con los α por bandas de octava, tal como vemos en la figura 5.11.

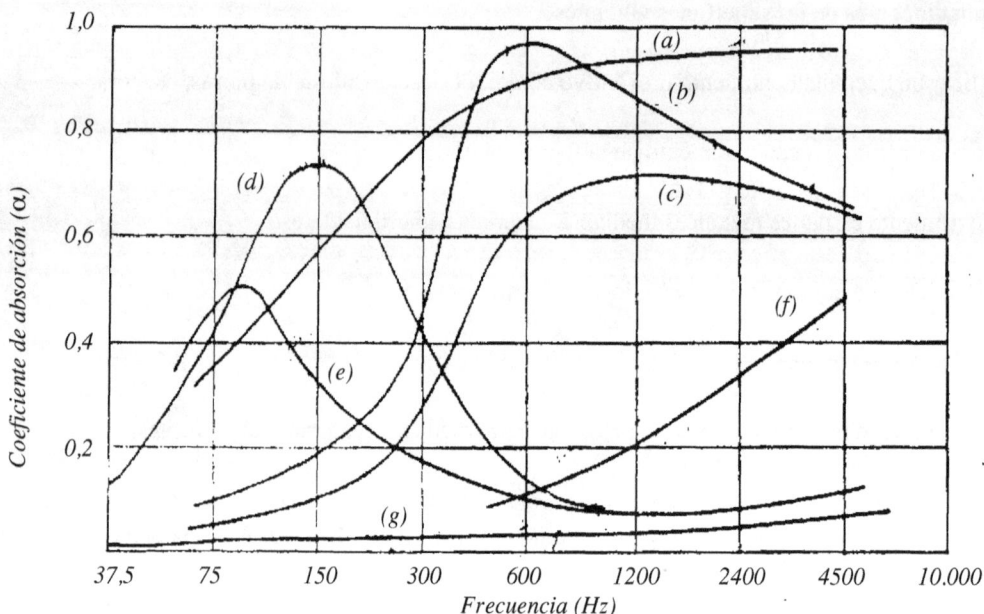

Fig. 5.11 Coeficientes para distintos materiales y frecuencias. a) Lana de vidrio de 10 cm, b) Mosaicos acústicos de 2,5 cmm, c) Mosaicos acústicos de 1,5 cm, d) Lana de vidrio de 2,5 cm, e) Paneles de madera y espacio de aire y lana mineral, f) Moqueta pesada sobre cemento, g) Pared de ladrillo sin pintar.

En general, las superficies duras y pulidas (mármol, granito, vidrio, acero) absorben poco ruido y reflejan mucho, mientras que las porosas y blandas (corcho, poliuretano, goma porosa, cartón) absorben mucho y reflejan poco. El conocimiento de estas propiedades ayuda a solucionar muchas situaciones que el ergónomo se encuentra en su trabajo.

Por lo tanto, si después de haber tomado todas las medidas para suprimir el ruido en las propias fuentes que lo producen estas son insuficientes o imposibles de llevar a cabo, es factible calcular la cantidad de ruido que pueden absorber las superficies existentes en un local y modificar las propiedades acústicas del mismo según el interés del especialista, sustituyendo y agregando materiales, modificando la geometría del lugar, apantallando, abriendo nuevas ventanas, colocando superficies absorbentes en determinados sitios, etcétera.

Las cantidades de sonido que refleja y absorbe un material, dependerá, por lo tanto, del área del material (S) y de sus α. Así, la cantidad de ruido absorbido se expresa:

$$A = \alpha \ \times \ S$$

donde:

A   cantidad de sonido absorbido en m^2

α coeficiente de absorción del material

S   superficie en m^2 del material

La unidad de medida de la absorción acústica es el m^2, aunque aún se pueden hallar textos que utilizan el sabino, sabín, o sabine, que equivale a 1 m^2 de abosorción acústica.

A manera de ejemplo podemos decir que una superficie de 5 m² cuyo α es igual a 0,4 para la frecuencia existente, absorberá 2,0 m² del ruido que incide sobre ella. Otro ejemplo: una ventana abierta que ocupa una superficie de 1 m² absorbe 1 m² del ruido que incide sobre ella, pues su α es igual a 1 para todas las frecuencias: es decir, no devuelve nada del ruido, lo absorbe todo.

En las siguientes figuras se muestran tres posibilidades de absorción y reflexión por parte de una superficie.

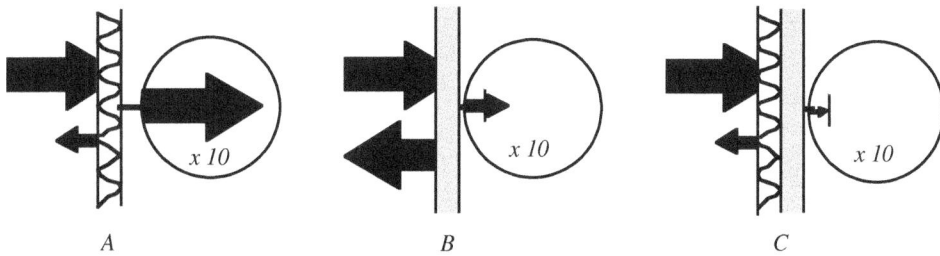

Fig. 5.12 Comportamiento del sonido: a) superficie muy absorbente b) superficie muy reflectante c) combinación de ambas superficies.

Conclusiones

Como se puede comprender por todo lo anterior, el tratamiento del ruido depende de innumerables factores, interactuantes entre sí, que deben ser tratados jerárquicamente; además, las intervenciones suelen tener una repercusión económica considerable, por lo que no es raro encontrarnos que a pesar de haber diseñado concienzudamente un programa de actuaciones, el costo económico de éstas limite o invalide el programa.

Otras veces, el intento de encapsular el ruido nos lleva a hacer inviable el sistema productivo, por cuanto éste se resiente por la intervención; por ello debemos preparar los proyectos en este campo de una manera rigurosa y aplicable para evitar errores que aparecerían en la fase de viabilidad tecnológica, productiva o económica invalidando nuestras soluciones.

Cuando no es posible evitar o disminuir lo suficiente el ruido, no existe más alternativa que acudir a las medidas de protección individual como son la reducción del tiempo de exposición mediante un régimen de trabajo y descanso, la rotación de trabajadores por los puestos de trabajo y, por último, la utilización de medios de protección personal como: tapones, orejeras, cascos y cabinas.

Por otra parte, los trabajadores que laboran en ambientes ruidosos deben estar sometidos regularmente a exámenes médicos y audiométricos.

6 Visión e iluminación

Iluminación y entorno visual

El objetivo de diseñar ambientes adecuados para la visión no es proporcionar luz, sino permitir que las personas reconozcan sin errores lo que ven, en un tiempo adecuado y sin fatigarse.

El diseño negligente del entorno visual puede conducir a situaciones tales como: incomodidad visual y dolores de cabeza, defectos visuales, errores, accidentes, imposibilidad para ver los detalles, confusión, ilusiones y desorientación, y desarrollar determinadas enfermedades cuando éstas ya están presentes en el individuo, por ejemplo, la epilepsia.

La iluminación es la cantidad y calidad de luz que incide sobre una superficie. Para poder iluminar adecuadamente hay que tener en cuenta la tarea que se va a realizar, la edad del operario y las características del local; es obvio que no es lo mismo iluminar un sala de ordenadores que un taller mecánico.

Más del 80% de la información que recibe el hombre es visual y en ocasiones la proporción es mucho mayor. Es por ello que, de todos los sentidos, el de la vista es el más apreciado en general. El ojo humano es un producto de la luz y de las necesidades del hombre en sus actividades. Es visible toda superficie que emite o refleja ondas electromagnéticas con longitudes de onda entre los 380 nm y los 780 nm -aproximadamente. Dependiendo de la longitud de onda, la superficie será percibida de un color o de otro.

Como se puede ver en la figura 6.1, la luz ocupa una estrecha zona dentro del espectro electromagnético, fuera de la cual ya no existe la percepción visual. De esta forma el espectro luminoso transita de los violetas a los azules, de éstos a los verdes, a los amarillos, a los anaranjados y a los rojos, en una transición continua en la cual el ojo no es capaz de determinar cuándo un color termina para que comience el otro, aunque la naturaleza de estos cambios es atómicamente discreta. Antes de los violetas, cuyo extremo está aproximadamente en los 380 nm, se encuentran los ultravioletas y más allá de los rojos que terminan en los 780 nm aproximadamente, están los infrarrojos. Por supuesto, ni los ultravioletas ni los infrarrojos son visibles sin ayudas técnicas.

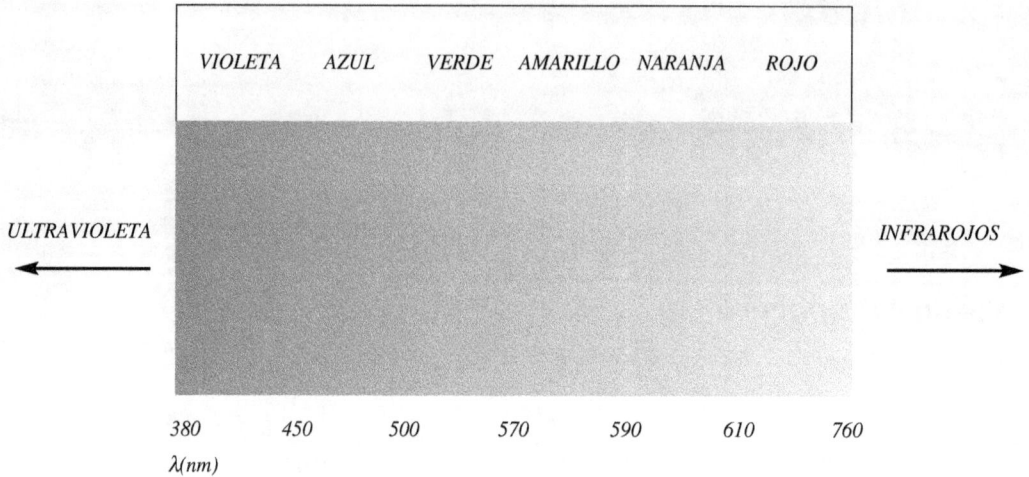

| VIOLETA | AZUL | VERDE | AMARILLO | NARANJA | ROJO |

ULTRAVIOLETA   INFRAROJOS

380   450   500   570   590   610   760

λ(nm)

Fig. 6.1 Espectro electromagnético visible

La luz es visible porque las ondas comprendidas dentro del intervalo de longitudes de onda que ocupa son capaces de estimular al analizador visual -sentido de la vista-. Para ello el ojo posee dos tipos de células muy especializadas que pueden ser consideradas neuronas, que reciben el nombre de conos y bastones. Estas células fotosensibles, ante el estímulo luminoso adecuado, envían impulsos nerviosos a las zonas visuales del cerebro a través del nervio óptico, con lo que completan así el proceso visual.

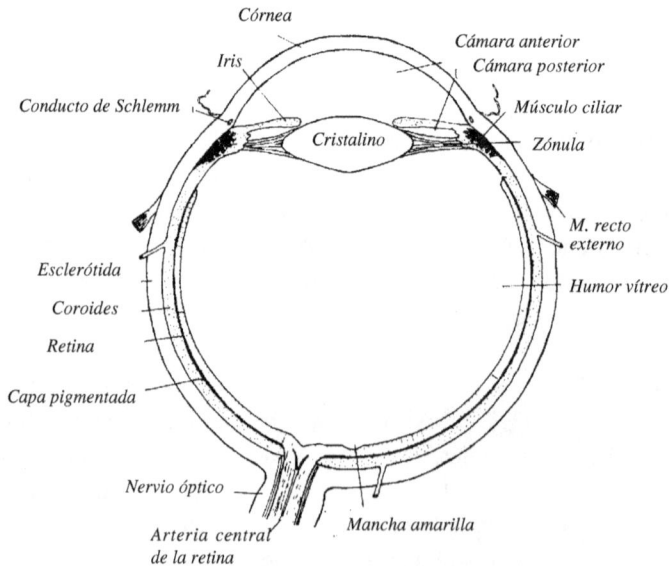

Fig. 6.2 Esquema simplificado del ojo

Los párpados y las pestañas constituyen una protección para el ojo frente a agresiones mecánicas, químicas y luminosas. La córnea y el cristalino son dos lentes que constituyen un sistema óptico convergente encargado de proyectar una imagen del objeto en la retina, que es la capa fotosensible del ojo, donde se encuentran los conos y los bastones.

El iris equivale al diafragma de la cámara fotográfica; es decir, su función es controlar la entrada de luz al ojo. Cuando hay poca luz, el iris se contrae y aumenta así el diámetro de la pupila, por la cual penetra la luz; si hay mucha luz, el iris se dilata disminuyendo el diámetro de la pupila y en consecuencia se reduce la entrada de luz en el ojo. Por otra parte, los músculos ciliares son los encargados de modificar las cualidades convergentes del cristalino variando su curvatura y, en consecuencia, su distancia focal. Este mecanismo permite enfocar en la retina las imágenes de los objetos observados al variar las distancias que los separan del observador.

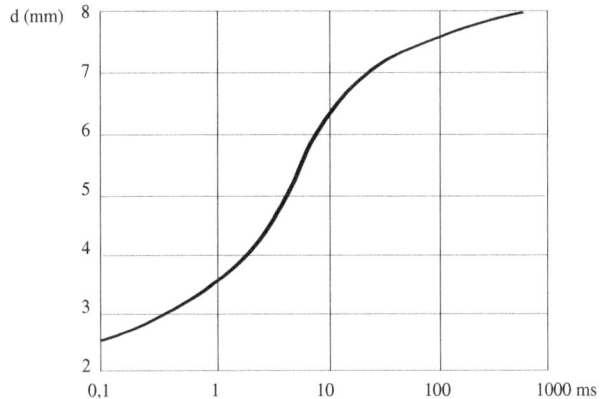

Fig. 6.3 a) variación del diámetro de la pupila al aumentar la iluminación b) Variación del diámetro de la pupila en el tiempo/iluminación.

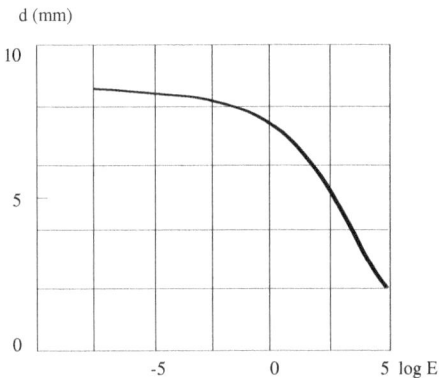

Los conos están concentrados en una zona de la retina llamada mácula lútea o mancha amarilla, en la cual se localiza la fóvea, que es precisamente donde se enfoca el centro de la imagen del objeto observado directamente, mientras que los bastones están distribuidos por el resto de la retina.

Las cualidades ópticas de los conos y de los bastones difieren notablemente, mientras que los conos son capaces de discriminar los colores y aumentar levemente su sensibilidad, los bastones sólo perciben la luz sin poder distinguir el color (Fig. 6.4). Sin embargo, los bastones tienen la capacidad de incrementar su sensibilidad notablemente frente a iluminaciones débiles y los conos, al contrario, llegan a dejar de funcionar cuando la luz es insuficiente. Se puede recordar aquella vieja frase: "De noche todos los gatos son pardos", para caracterizar lo que ocurre con la percepción de los colores cuando existen bajos niveles de iluminación. Este fenómeno está expresado en el efecto Purkinje de la visión, el cual explica la pérdida de la percepción cromática por el desplazamiento de la curva normal de la sensibilidad del ojo hacia la zona de los azules y violetas. El gráfico de la figura 6.5 ilustra lo anterior.

Un ejemplo cotidiano de la deficiente sensibilidad de los conos y de la ganancia de sensibilidad de los bastones cuando hay poca luz está en los centinelas nocturnos. Todo hombre que ha tenido que vigilar durante la noche zonas oscuras sabe que para observar un punto determinado en la oscuridad es necesario correr la mirada ligeramente hacia un lado, de manera que la imagen del lugar que se pretende observar no se forme en la fóvea -zona ocupada por los conos-, sino en otra parte de la retina donde están distribuidos los bastones, ya que si se mira directamente el lugar, su imagen tendría que formarse en el sitio que ocupan los conos que no están funcionando por falta de luz.

Fig. 6.4 Adaptación de conos y bastones a la oscuridad después de estar expuestos a un campo luminoso.

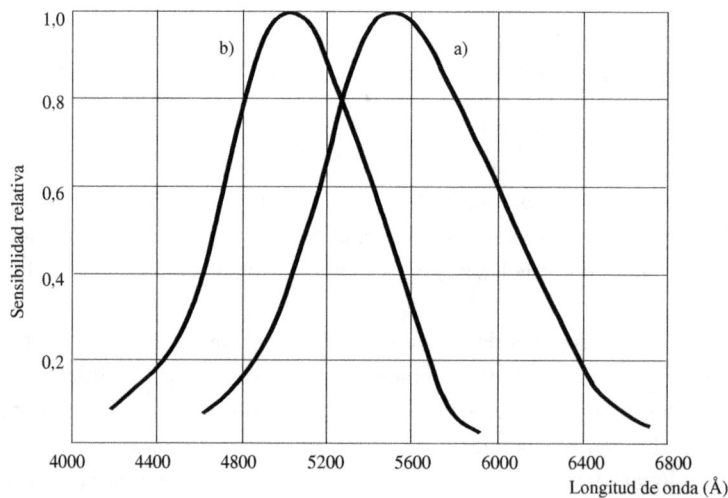

Fig. 6.5 Desplazamiento de la curva de sensibilidad relativa del ojo humano (efecto Purkinje). a) visión fotópica, b) visón escotópica

Acomodación y adaptación

Por lo visto anteriormente, existen dos mecanismos visuales de suma importancia: la acomodación y la adaptación. La acomodación consiste en la capacidad del ojo de enfocar correctamente en la retina la imagen del objeto observado. Cuando el objeto está muy alejado del observador los músculos ciliares actúan sobre el cristalino disminuyendo las curvaturas de sus caras. De esta manera la lente se hace menos convergente y, en consecuencia, aumentará su distancia focal, con lo cual la imagen se proyectará en foco sobre la retina (Fig. 6.6).

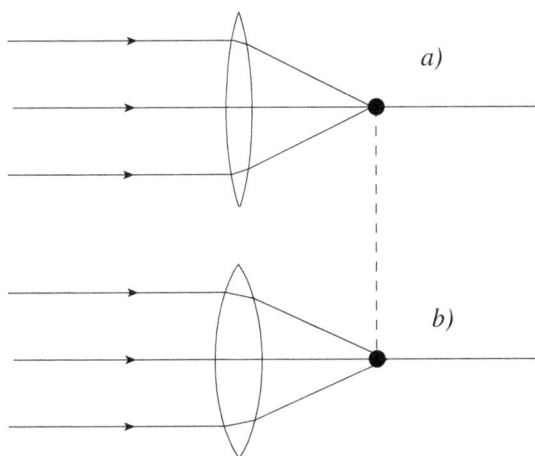

Fig. 6.6 Acomodación. a) Visión lejana b) Visión cercana

Si el objeto observado se encuentra muy cerca del observador, los músculos ciliares modifican la forma del cristalino y lo hacen más convergente, lo que provoca una disminución de la distancia focal y la proyección de la imagen en foco sobre la retina. Cuando el ojo trabaja observando objetos relativamente lejanos, su esfuerzo es mucho menor que cuando debe observar objetos muy cercanos, sobre todo cuando éstos son pequeños. De ahí que la visión cercana de pequeños detalles exige un esfuerzo notablemente severo del analizador visual, no sólo por parte del ojo, sino también del cerebro, que muchas veces debe resolver situaciones que el ojo no ha podido ofrecerle de forma totalmente clara. Este esfuerzo es mucho mayor si las condiciones impuestas por la mala iluminación provocan una imagen resultante difícil o imposible de interpretar por el cerebro.

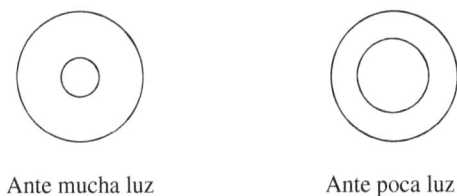

Ante mucha luz   Ante poca luz

Fig. 6.7 Adaptación del iris

Por otra parte, la adaptación es la capacidad del analizador visual que le permite modificar su comportamiento ante las variaciones del nivel de iluminación; si la iluminación es deficiente, el ojo incrementa su sensibilidad a la luz y aumenta el diámetro de la pupila para que penetre más cantidad de luz (Fig. 6.7). Si por el contrario la iluminación es excesiva, el ojo disminuye su sensibilidad y reduce el diámetro pupilar para impedir que penetre en él demasiada luz. La variación del diámetro de la pupila se efectúa mediante la contracción y dilatación del iris, tal como se indicó anteriormente, mientras que la variación de la sensibilidad es una consecuencia de los cambios químicos que se operan en los pigmentos de los conos y en los bastones -yodopsina y rodopsina respectivamente- frente a la variación del nivel de iluminación, tal como se mostró en la figura 6.4. En realidad tanto conos como bastones incrementan su sensibilidad por esta vía, pero los conos, aunque lo hacen a mayor velocidad, consiguen un incremento mucho menor, mientras que los bastones, más lentos en el proceso de adaptación, logran incrementos de sensibilidad mucho mayores. Así, los conos no alcanzan a incrementar su sensibilidad más allá de unas setenta veces, mientras que los bastones logran multiplicarla unas veinticinco mil veces. De ahí que, para casos extremos, los conos no logren con su discreto aumento recibir la poca luz existente y de hecho dejan de funcionar.

Cuando se combinan las situaciones adversas de la visión cercana de pequeños detalles y el bajo nivel de iluminación, el analizador visual se encuentra en condiciones muy desventajosas. La fatiga visual, seguida de la fatiga mental, provocan en el sujeto la pérdida de interés por la actividad, dolor de cabeza, irritación ocular y otros síntomas que dan al traste con la calidad y la productividad del trabajo.

Estos aspectos que se deben tener en cuenta, porque afectan tanto al hombre como a su actividad, frecuentemente son inadvertidos en el diseño de puestos de trabajo y son causa de no pocos problemas y dificultades. También se encuentra en esta situación la visión cercana por largos periodos de tiempo, lo que agota la capacidad de acomodación del ojo. Tal es el caso de relojeros, sastres, costureras, operadores de videoterminales, actividades que requieren de largas lecturas, etc.

Sin embargo, si esto resulta negativo, no menos perjuicios ocasionan aquellas actividades que obligan a un cambio constante de enfoque. El problema radica fundamentalmente en el incremento de la frecuencia del cambio de enfoque, lo que obliga a los músculos ciliares a un ejercicio muy intenso y agotador. Las investigaciones efectuadas indican que el cansancio visual es mucho más frecuente entre profesionales obligados por su actividad a tareas visuales de este tipo, que entre personas cuyos trabajos requieren fundamentalmente de la visión lejana y mediana, como es el caso de campesinos y pescadores.

Tampoco puede pasarse por alto el efecto de la iluminación artificial sobre el analizador visual. Para ser realmente justos, no se puede olvidar que la luz artificial sólo tiene algo más de cien años de existencia, y su aplicación generalizada, aún menos. De esta manera el sistema visual del hombre ha sido sorprendido por un agente nuevo al cual se está tratando de adaptar precipitadamente, con todas las desventajas y afectaciones que ocasionan las adaptaciones rápidas.

Por otra parte, la tecnología ha impuesto al hombre, con igual premura, una serie de tareas visuales nuevas que incrementan la carga del analizador visual. Sin duda los ordenadores personales son una de las más notables por su extremas exigencias visuales. Al menos, el operador de videoterminal debe prestar atención visual a cuatro elementos: la pantalla, el teclado, el documento del cual copia y el documento de la impresora, y quizás alguno más. Se deben tener en cuenta, además, las enormes diferencias existentes entre los caracteres de la pantalla -contraste, color, brillantez- y el resto de los documentos y el teclado. Todo indica que cada vez más se hace imprescindible el conocimiento pleno de los problemas de la iluminación, tanto en el puesto de trabajo como en cualquier otra actividad humana.

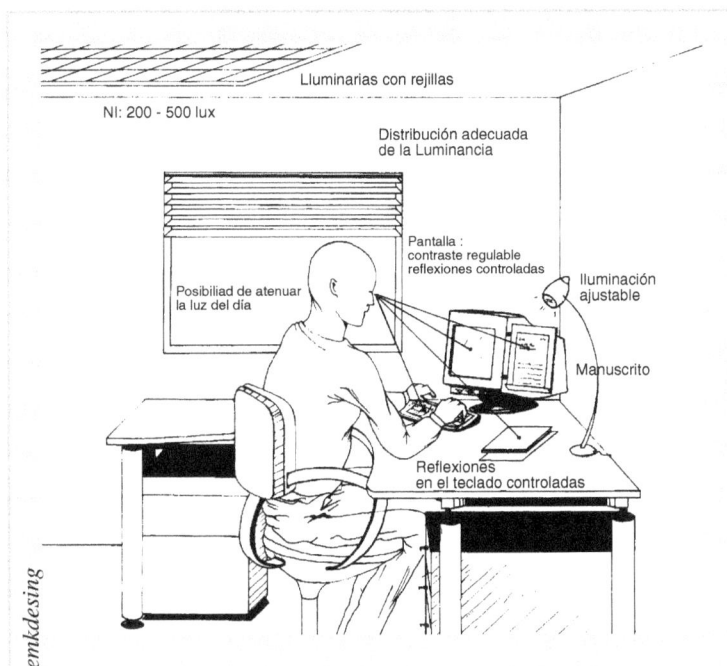

Fig. 6.8 Visión, iluminación y tareas con ordenador

Magnitudes y unidades

Para lograr este conocimiento se debe, en primer lugar, caracterizar la luz utilizando las cuatro magnitudes esenciales: flujo luminoso, intensidad luminosa, nivel de iluminación y luminancia o brillo.

El flujo luminoso es la potencia lumínica que emite una fuente de luz; dicho de otra manera: es la cantidad de luz emitida por segundo. El símbolo es (ϕ) y la unidad es el lumen (lm). Las fuentes de iluminación se diferencian -según su eficiencia y potencia- por su flujo luminoso. El flujo luminoso de una lámpara determina su potencia lumínica y es un dato que puede conocerse a través de su fabricante.

La intensidad luminosa caracteriza la emisión de luz en función de su dirección. El símbolo es (I) y su unidad es la candela o el lumen /estereorradián.

El nivel de iluminación caracteriza la cantidad de luz que incide sobre una superficie; el símbolo es (E) y su unidad es el lux (lx). De esta manera un lux es el nivel de iluminación que provoca un flujo luminoso de un lumen sobre una superficie de un metro cuadrado de área. Así pues:

$$E = \frac{\phi}{S} \qquad \text{que equivale a:} \qquad lux = \frac{lumen}{m^2}$$

La luminancia o brillo se define por la cantidad de luz emitida por una superficie; el brillo o luminancia de una superficie es la intensidad luminosa que ésta emite -si es luminosa- o refleja -si es iluminada- por unidad de área, y depende de la intensidad de la luz que emite o incide sobre la superficie, del coeficiente de reflexión de ésta, y de la curva característica de difusión de reflexión. El símbolo es (L) o (B) y la unidad es la candela/m^2.

Una cartulina blanca poseerá más brillo si se incrementa el nivel de iluminación sobre ella. La luminancia excesiva en relación al ambiente general produce deslumbramiento, mientras que la escasa reduce la visibilidad. La luminancia expresa sensación real de luminosidad que provoca en el ojo una superficie. Una superficie blanca posee más luminancia o brillo que una negra. Debe señalarse que la luminancia también depende del punto de vista del observador, es decir:

$$L = \frac{I}{S_{proyc}}$$

donde:

I   es la intensidad luminosa de la luz reflejada

S_{proyc} es el área de la superficie proyectada como plano normal a la dirección del observador.

Aspectos que relacionan la visión y la iluminación

La complejidad de los procesos visuales exige el análisis de otros aspectos que los relacionan con la iluminación muy estrechamente. Estos aspectos son : ángulo visual, agudeza visual, contraste, tiempo, distribución del brillo en el campo visual, deslumbramiento, difusión de la luz y color.

El ángulo visual es el que se forma con su vértice en el ojo hasta el contorno del objeto observado, dependiendo su valor del tamaño del objeto y de la distancia que lo separa del ojo. Algunos autores prefieren utilizar, en lugar del ángulo visual, el tamaño del objeto. Pero esta propiedad no satisface plenamente el concepto. Un elefante poseerá un tamaño determinado independiente de la distancia a que se encuentre del observador; sin embargo, el ángulo visual sí variará según dicha distancia (Fig. 6.9).

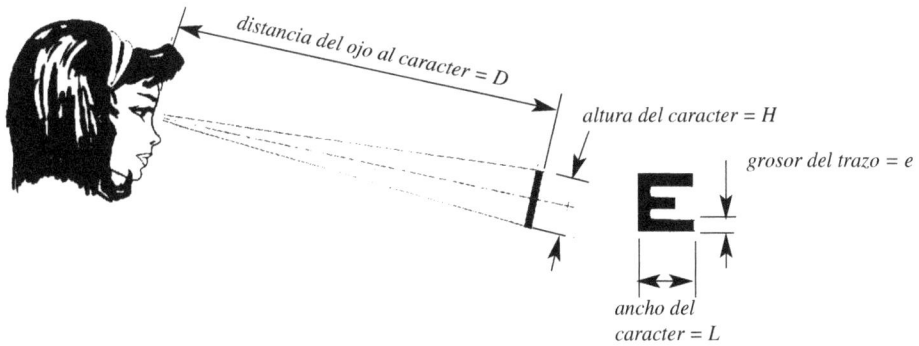

Fig. 6.9 Angulo visual

La agudeza visual es la medida que califica a la visión por el detalle más pequeño que es capaz de percibir el ojo. La agudeza visual de un sujeto se expresa como el ángulo mínimo con vértice en el ojo cuyos lados se extienden hasta dos puntos separados entre sí por una distancia (d) y que pueden ser percibidos como dos puntos independientes, y no como uno sólo. Si se redujera el ángulo mínimo sería imposible para ese observador poder percibir los dos puntos como independientes. En la práctica, los detalles pequeños generalmente no suelen ser luminosos, sino iluminados.

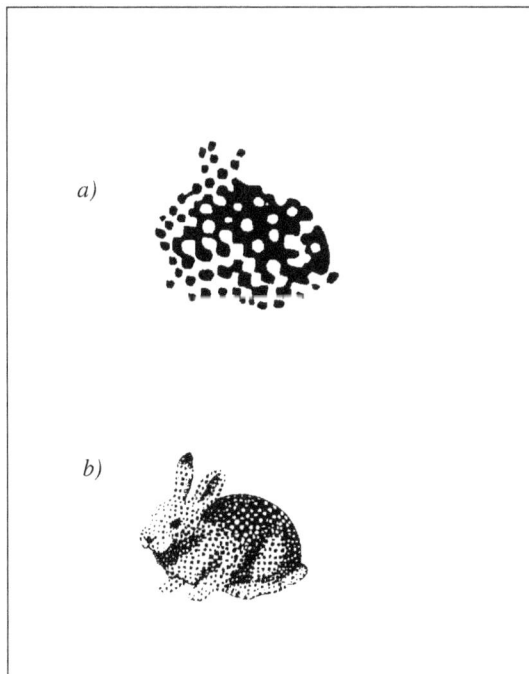

Fig. 6.10 Comparación de las agudezas visuales a) del hombre y b) del gavilán bajo idénticas condiciones.

Tal es el caso de la lectura, por ejemplo. Por lo tanto, es de uso corriente medir la agudeza visual con detalles no luminosos. Por otra parte, en estos casos, la agudeza visual depende del contraste entre los detalles y el fondo y del nivel de iluminación.

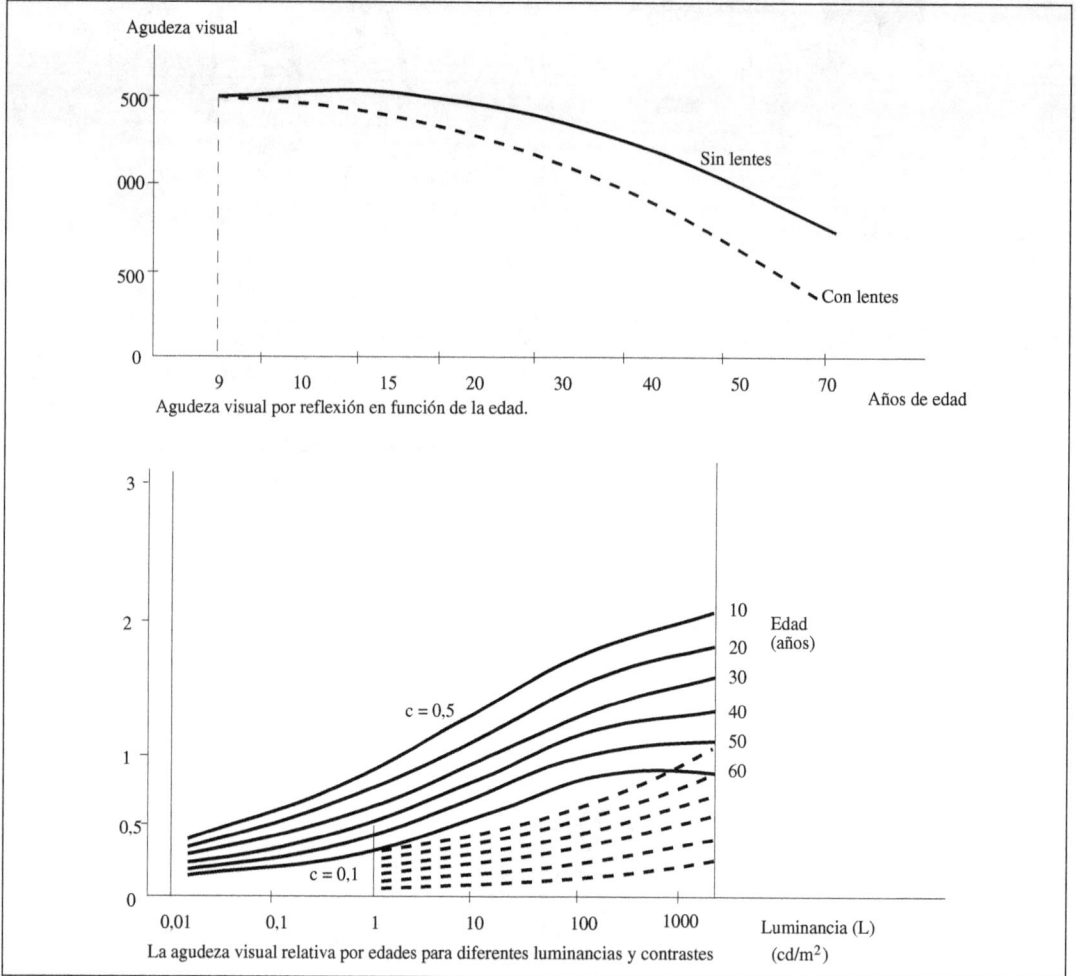

Fig. 6.11 a) Agudeza visual por reflexión en función de la edad b) Agudeza visual relativa por edades para diferentes luminarias y contrastes.

De la misma forma, existe la agudeza visual para visión cercana, para visión mediana y para visión lejana. Una forma práctica de medir la agudeza visual consiste en calcular la cotangente del ángulo visual α:

$$\text{Cotang } \alpha = \frac{D}{d}$$

donde:

(D)   es la distancia desde el ojo al objeto

(d)   es la distancia que separa a los detalles del mismo.

Esta expresión es útil y práctica, teniendo en cuenta que α es un ángulo muy pequeño que se expresa en minutos.

La agudeza visual comienza a decrecer a edades muy tempranas, por lo que se puede comprender la importancia de una iluminación adecuada a la tarea que realiza el sujeto (Fig. 6.12).

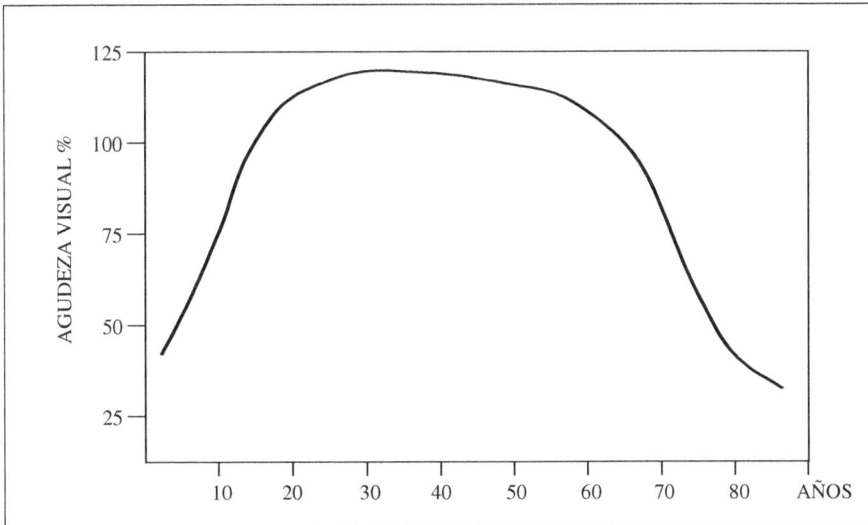

Fig. 6.12 Comportamiento de la agudeza visual con la edad.

Las investigaciones han demostrado la conveniencia de garantizar condiciones visuales equivalentes a tres veces la agudeza visual del trabajador; es decir, si un trabajador posee una agudeza visual de 1500 en determinadas condiciones deberá trabajar bajo condiciones similares al que posea una agudeza visual de 500. Esto se logra disminuyendo (D), o aumentando (d), incrementando el contraste entre los detalles y el fondo, o incrementando el nivel de iluminación.

El contraste es la relación existente entre el brillo del objeto y el brillo de su fondo, y es indispensable para poder distinguir un objeto de su fondo. A mayor contraste habrá mejor percepción y mayor rapidez para distinguir el objeto. Una tiza blanca sobre un papel blanco no podrá verse tan bien como si se coloca sobre un papel negro; incluso, bajo determinadas condiciones, puede que ni se vea, debido a la falta de contraste. La expresión utilizada para calcular el contraste es la siguiente:

$$C = \frac{L_1 - L_2}{L_1}$$

donde:

   C es el contraste o relación de luminancias
   L_1 es la luminancia del fondo
   L_2 la del objeto.

Un objeto puede ser visto e identificada su forma por el contraste que ofrece con el fondo. Se puede mejorar el contraste cambiando la reflectividad de determinadas partes de la tarea.

El tiempo es otro de los aspectos a tener en cuenta en el proceso visual. Es obvio que el tiempo transcurre durante los fenómenos que ocurren en el analizador visual, por lo que mientras mayor es el tiempo en que el estímulo actúa sobre éste, mejor será la percepción. Por otra parte, la retina -conos y bastones- posee la propiedad de "memorizar" la imagen del objeto que la ha estimulado, después de haber cesado el estímulo; esto es lo que se llama persistencia de la imagen en la retina. Esta persistencia dura entre 0,1 y 0,2 segundos, dependiendo de varios factores, entre ellos el grado de fatiga mental, la cual disminuye esta capacidad.

Precisamente es a esta propiedad de la retina a la que el hombre le debe agradecer la posibilidad de ver televisión y cine, porque, al mantenerse durante un tiempo las imágenes en la retina, en una secuencia rápida, éstas se van fundiendo unas con otras en lo que se denomina fusión retiniana y ofrecen la sensación del movimiento. Por otro lado, resulta interesante comprobar cómo el analizador visual no advierte ni las imágenes de los espacios que separan los cuadros de una cinta cinematográfica, ni el barrido electrónico de la pantalla del televisor. Esto también se debe al tiempo. Es decir: a la velocidad con que transcurren, al ojo le resulta imposible detectarlas.
Así pues, el movimiento disminuye el umbral de la agudeza visual y hasta puede -como en los ejemplos antes expuestos- imposibilitar la visión del objeto. De ahí que en ocasiones sea necesario tener en cuenta y medir la agudeza visual dinámica.

La distribución del brillo en el campo permite un bienestar visual o puede provocar la fatiga visual. Es deseable que el brillo en el puesto de trabajo y sus alrededores no presente grandes desigualdades que obligarían al ojo a un constante ajuste visual de adaptación. Recuérdese tanto los movimientos que debe realizar el iris como los procesos químicos en la retina que permiten modificar su sensibilidad frente a las variaciones de la iluminación. No es el mecanismo de adaptación lo perjudicial, sino su alta frecuencia. Esta es la razón fundamental por la que se recomienda no ver televisión a oscuras. No está de más aclarar que no debe confundirse este aspecto con la ausencia de contraste.

Ante las posibles dificultades para lograr una iluminación que permita un brillo homogéneo en el puesto de actividad y sus alrededores, se considera como condición límite una relación de 10:3:1 (o de 1:3:10) para el centro de la tarea, los alrededores inmediatos y los alrededores mediatos. Es decir: si en el centro de la tarea debe haber una luminación de 30 candelas por metro cuadrado, en los alrededores inmediatos no debe haber menos de 9 cd/m^2, (ni más de 90) y en los mediatos no menos de 3 cd/m^2, (ni más de 300).

El deslumbramiento se produce cuando hay áreas de alto brillo en el campo visual. Hay dos tipos principales de deslumbramiento (ambos deben ser evitados): molesto, por ejemplo, cuando situamos un operario frente a una pared muy blanca durante toda su jornada laboral; este deslumbramiento produce una reducción de la agudeza visual. Perturbador, el que además, produce una disminución violenta total o parcial de la visión, como una lámpara que incida directamente en nuestros ojos, el reflejo de un rayo de luz en un cristal o superficie muy pulida, etc...

Cuando hay más de una fuente de deslumbramiento en el puesto de trabajo, se suman para dar el índice de deslumbramiento.

El deslumbramiento provoca no pocos trastornos y molestias. Las grandes diferencias de brillo en el campo visual, o una luz incidente o reflejada por una superficie, pueden desde impedir una buena visión hasta causar daños en el analizador visual.

En el caso del deslumbramiento por incidir un rayo de luz sobre el ojo -ya sea directo o reflejado por una superficie especular-, se produce en el mismo una rápida reducción de la sensibilidad y, en consecuencia, de la agudeza visual. Si la luz es muy potente puede llegar a causar daños temporales o definitivos en la retina. En el caso -bastante frecuente- de superficies relativamente extensas que

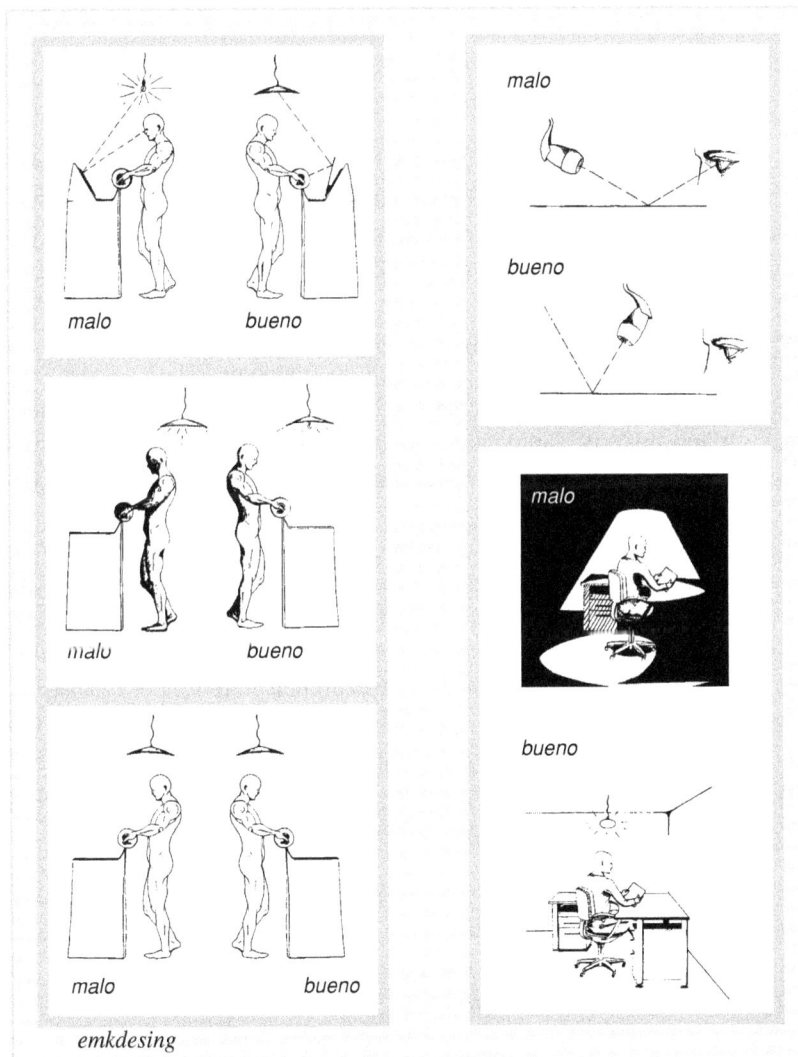

Fig. 6.13 Ejemplos de deslumbramientos y sus posibles correcciones.

posean mucho brillo, como es el caso de la pared muy blanca iluminada, frente a las cuales debe permanecer un trabajador durante su jornada laboral, no es raro encontrar afectaciones oculares, dolores de cabeza y otros malestares, además de posibles errores en el trabajo, baja productividad, etc.

Tampoco es difícil encontrar fuentes de luz, tanto natural como artificial, cuyos rayos incidan directamente sobre los ojos de un trabajador -o de varios-. Así pueden verse ventanas que permiten el paso de luz excesiva que incide sobre los ojos de un operador de pantalla de visualización de datos y disminuye de esta forma el necesario contraste entre caracteres y su fondo, y deslumbrando al operador. Lo mismo ocurre con luminarias y lámparas mal instaladas (Fig. 6.13).

La difusión de la luz generalmente ofrece ventajas en el trabajo. Una iluminación difusa es suave y evita sombras fuertes que enmascaran parte del puesto de trabajo. Por otra parte, la iluminación difusa generalmente evita el deslumbramiento y crea un ambiente de bienestar, pero se debe vigilar el no crear una excesiva monotonía con una luz demasiado difusa que haga desaparecer todo tipo de sombras.

Sin embargo, no siempre es conveniente la luz difusa. Tal es el caso de aquellas tareas en que el trabajador debe descubrir detalles pequeños importantes y donde la luz difusa, precisamente por ser suave y evitar las sombras pronunciadas, no permite verlos. Como casos típicos están los trabajos de tornería, el pulido de piezas, el control de calidad de telas, etc, donde se buscan imperfecciones –rugosidades, grietas, etc...–. Para estas actividades en las máquinas herramientas se sitúan luminarias preferiblemente de lámparas "puntuales"; es decir: lámparas de muy poca extensión, como son las lámparas incandescentes y las halógenas, que tienen un filamento relativamente pequeño, como suplemento al alumbrado general con buen grado de difusión, que debe poseer el taller. Además, es común relacionar un alto nivel de iluminación con la buena visión de los detalles; sin embargo, muchas veces estos conceptos son antagónicos y provocan el efecto contrario al buscado.

Toda iluminación tiene color tanto la artificial como la natural. El escoger el color de la iluminación es tecnológica y emocionalmente importante, e influye en el color de los objetos que el hombre percibe gracias a la presencia de los conos en la retina. El ojo no posee la misma sensibilidad para todos los colores. La distribución de su sensibilidad sigue una curva normal, tal como pudo observarse en la figura 6.5, cuando se explicó el efecto Purkinje de la visión. Cuando hay una buena iluminación el máximo de la sensibilidad del ojo está en los 550 nm, que es un amarillo verdoso. A medida que el nivel de iluminación va decreciendo, esta curva normal se va desplazando hacia la zona de las ondas más cortas, hasta que el máximo de sensibilidad alcanza los 500 nm, que es la longitud de onda de un verde azulado, y el ojo se hace casi ciego para los rojos lejanos.

Las superficies que el ojo percibe de un color determinado, a pesar de estar iluminadas con luz blanca, aparecen de ese color porque absorben todas las longitudes de onda menos la del color que reflejan y el ojo ve. Lo mismo ocurre con los cuerpos translúcidos que se observan del color que ellos permiten pasar a su través, absorbiendo los demás.

No puede ignorarse el contraste cromático, que es el producido por la diferencia de colores entre el objeto y su fondo.

Se ha comprobado el registro de diferentes niveles emocionales asociados a los colores, de lo cual se deriva la importancia en la selección adecuada del tipo de fuente de luz, tanto con respecto a variables tales como productividad, control de la calidad, fatiga, seguridad, eliminación de errores, etc...

Sistemas de alumbrado

La iluminación en un local y en sus distintos puestos de trabajo implica un análisis previo, no sólo de las necesidades de alumbrado de acuerdo con las tareas que se realizan en el lugar, sino también de aspectos económicos, como son: el consumo energético, los costos y disponibilidades de luminarias y lámparas, posibilidades de aprovechamiento de la luz natural, etc. En ocasiones es necesario tomar decisiones que involucran diversos factores, muchas veces contradictorios entre sí.

Es posible el aprovechamiento de la luz del día, pero hay que tener en cuenta que junto con ella penetra en el local su calor, lo que obliga, en ocasiones, a la instalación de equipos de climatización e incrementando el consumo energético. Por otra parte, este aprovechamiento obliga a establecer controles sobre la intensidad de la luz natural, por ejemplo un rayo de sol que incide sobre un puesto de trabajo, etc. Lo ideal sería que las soluciones se decidan durante el diseño de la obra, y no pasa, pues, inadvertido lo imprescindible que resulta un trabajo multidisciplinario desde que comienza a concebirse el proyecto, y no dejar para después este análisis, cuando, seguramente, ya no es posible efectuar determinados cambios como, por ejemplo, la orientación geográfica del edificio, la selección y disposición de los locales, etc.

No obstante, a pesar de conocerse todo esto, lo más generalizado es heredar lo hecho y tratar de adaptarlo a las nuevas necesidades, lo que constituye una tarea mucho más ardua y difícil. De esta manera en ocasiones hay que aceptar con resignación ventanas mal situadas que obstaculizan las buenas intenciones de quien está instalando una sala de informática, o un laboratorio docente, o un taller de costura.

Para diseñar un sistema de alumbrado de un local debemos considerar, al menos, los siguientes aspectos: nivel de iluminación que requiere la actividad, tipo de luminaria, distribución, distancias al plano de trabajo, tipo de iluminación, tipo de lámparas utilizadas, potencia, alumbrado suplementario y grado de mantenimiento, ventanas, otras entradas de luz, etc.

Respecto al nivel de iluminación necesario, las normas europeas CEN-TC169 establecen los niveles mínimos necesarios según las diferentes actividades (Tabla 6.1).

Mientras mayor es la carga visual de la actividad, mayor deberá ser el nivel de iluminación requerido. El nivel de iluminación necesario está muy íntimamente relacionado con todos los aspectos que se han visto anteriormente, como son: el ángulo visual, el contraste, la agudeza visual, etc. Pero también existen otros factores, como la edad del trabajador, las fatigas física y mental, los defectos visuales, etc. que no pueden obviarse en el análisis. Por tal motivo, en ocasiones, una aplicación mecánica de una norma puede invalidar un diseño de sistema de iluminación.

Tabla 6.1 Ejemplos de Nivel de iluminación en función de tareas (CENTC 169)

Intervalo	Iluminancia recomendada (LUX)	Clase de actividad
A	20	Zonas públicas con alrededores oscuros.
	30	Únicamente como simple orientación en visitas de corta duración.
Iluminación general en	50	
zonas poco frecuentadas	75	
o que tiene	100	Lugares no destinados para trabajo continuo (zonas de almacenaje, entradas).
necesidades visuales	150	
sencillas	200	Tareas con necesidades visuales limitadas (maquinaria pesada, salas de conferencias).
	300	
	500	Tareas con necesidad visual normal (maquinaria media. oficinas).
B	750	
	1000	
Iluminación general para	1500	Tareas con necesidad visual especial (grabado, inspección textil).
trabajo en interiores	2000	
	3000	Tareas prolongadas que requieren precisión (minielectrónica y relojería).
C	5000	
	7500	Tareas visuales excepcionalmente exactas (montaje microelectrónico).
Iluminación adicional en	10000	
tareas visuales exactas	15000	Tareas visuales muy especiales (operaciones quirúrgicas).
	20000	

Por ejemplo, las normas no pueden establecer todas las posibilidades existentes para las miles de actividades que se desarrollan y generalmente el ergónomo debe tomar decisiones por analogía con otra tarea visual.

Dentro de una macroactividad existen múltiples microactividades que conforman la general, y que pueden tener solicitudes puntuales de niveles y calidades de iluminación diferentes. Para la labor de inspección de telas en una fábrica textil, no es suficiente considerar un nivel de iluminación elevado, lo que aparentemente sería lógico. El nivel de iluminación para esta tarea no tiene que ser excesivamente alto, pero, además, la luz debe ser rasante y rutilante, y no difusa. Los altos niveles de iluminación y la luz difusa tienden a enmascarar los defectos, que precisamente es la tarea básica del inspector de calidad en este caso.

Los tipos de alumbrados que deberán utilizarse pueden clasificarse según la dirección de la luz que emiten. Esta clasificación considera seis tipos: directa, semidirecta, directa-indirecta, semindirecta, indirecta y general difusa. Las luminarias directas son aquellas de las que al menos el 90% de su luz está dirigido hacia el plano de trabajo; las semidirectas son las que dirigen hacia dicho plano entre el 60% y el 90% de su flujo luminoso; son directas-indirectas aquellas que envían hacia el plano de trabajo entre el 40% y el 60% de su luz directamente. Por su parte, las semi-indirectas dirigen entre el

10% y el 40% de la luz directamente hacia el plano de trabajo, mientras que las indirectas, a lo sumo, dirigen el 10% de su flujo luminoso al plano.

Desde el punto de vista económico, la iluminación directa es la más rentable, ya que es la que tiene menores pérdidas al dirigir casi toda su luz directamente al plano de trabajo. Sin embargo, este tipo de iluminación pudiera no resultar lo suficientemente difusa y, por otra parte, requiere de mucho cuidado en su emplazamiento para evitar deslumbramientos y sombras.

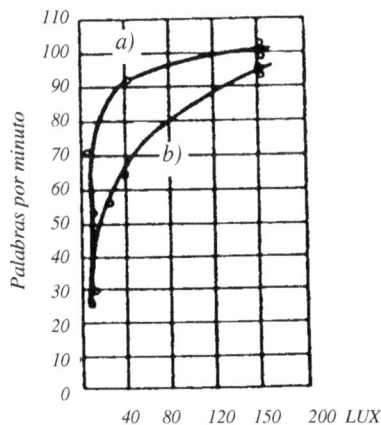

Fig. 6.14 Ejemplos de curvas de velocidad de lectura en función del nivel de iluminación. a) Persona con vista óptima b) Persona con vista cansada.

El tipo de luminaria y la lámpara, en gran medida, determinaran la calidad de la luz, que es otro aspecto que debe dominar el ergónomo ya que su selección debe ser producto de un análisis integral de la situación planteada. Desde el punto de vista industrial, extensible a diversos locales de trabajo, existen cinco tipos básicos de fuentes de luz: incandescente, fluorescente, de vapor de mercurio, de vapor de sodio y las halógenas.

Las lámparas incandescentes poseen un espectro continuo, lo cual constituye una característica positiva; es necesario recordar que el ojo es un producto de la luz diurna y ésta posee un espectro continuo. Sin embargo, el espectro de la luz de lámpara incandescente tiene una gran emisión de anaranjados y rojos, mientras que emite poco del resto del espectro. Este defecto es muy notable en lámparas de poca potencia (25-40 watios), y se atenúa en lámparas potentes. Otro defecto de la luz incandescente es su baja eficacia: una lámpara incandescente de 100 W sólo emite en forma de luz el 10% de la energía que consume. El resto se transforma en calor. En una de 60 W sólo el 7,5% de la energía se convierte en luz. Por otro lado, estas lámparas son de bajo costo y su instalación es simple y económica. Respecto a su vida en relación con las demás, es corta.

Las lámparas fluorescentes poseen un espectro continuo. Al respecto se debe decir que se fabrican diversas calidades de luz. Su eficiencia es mayor que la de las lámparas incandescentes: una lámpara fluorescente de 40 W emite el 20% de su energía en forma de luz, además, al emitir mucho menos que las anteriores en la región de los rojos e infrarrojos, su emisión de calor es inferior. Otro aspecto con el cual aventaja a las incandescentes es su extensión, con la que se distribuye en una superficie mayor su brillo y disminuye el posible deslumbramiento. Aunque su encendido en algunos tipos es lento, también se fabrican de arranques rápidos e instantáneos. Su desventaja radica fundamentalmente en una instalación más costosa y compleja. Por otra parte, como su consumo fundamental se produce por el encendido, no es recomendable este tipo de lámpara para ser utilizada por cortos y frecuentes períodos de tiempo. Aunque el costo de la lámpara es mayor que la de filamento incandescente, su duración es mayor. Otro defecto es el posible centelleo.

Las lámparas de vapor de mercurio son muy eficientes y económicas. No obstante, su mayor desventaja radica en su espectro discreto y su demora en el encendido. Su espectro tan restringido provoca la alteración de los colores a la vista, lo que constituye, en determinadas tareas, una limitación importante. No se recomienda su emplazamiento a bajas alturas por su posible acción perjudicial sobre la piel. Su uso generalmente está limitado a locales altos, y carreteras.

Las lámparas de vapor de sodio también resultan muy eficientes y económicas. Poseen un espectro discreto muy limitado, lo cual es una desventaja, pero al no emitir en la región de los ultravioletas -como emiten las lámparas de mercurio- no hay limitaciones en cuanto a su emplazamiento a menores alturas. Sin embargo, el encendido también es lento. El color anaranjado -para lámparas a baja presión- y amarillo -para lámparas a alta presión- no hace que su luz sea muy confortable para ser utilizada en largos períodos de tiempo. Actualmente se está comenzando a utilizar combinada con la fluorescente (entre el 20% y el 25% de luz de sodio y el resto fluorescente), con lo que se obtiene una luz agradable y económica, para locales industriales.

Por su parte, las halógenas tienen un espectro continuo; sus inconvenientes son una baja eficacia y vida corta. En general sus cualidades son superiores a las de la incandescencia; se utilizan para alumbrado focalizado, ya que la apariencia y color de la luz son muy aceptados por el usuario.

Sistemas de iluminación

Los sistemas de iluminación básicos son tres: iluminación general, iluminación general localizada e iluminación suplementaria. Su selección depende de las condiciones y necesidades de las tareas que se realizan en el lugar. Los sistemas de iluminación general tienen el objetivo de garantizar un determinado nivel de iluminación homogéneo a todos los puestos situados en un mismo plano en el local. Estos sistemas están dirigidos a locales donde el nivel de iluminación recomendado es el mismo para todos o casi todos los puestos de trabajo. Las luminarias deben estar distribuidas homogéneamente en el techo: empotradas en él, adosadas, o colgadas a determinada altura.

Los sistemas de iluminación general localizada no tienen el objetivo de garantizar un nivel de iluminación uniforme para todo el local, sino de iluminar, con el mismo o con diferentes niveles de iluminación, el local por zonas, en las cuales están situados los medios de producción de manera no uniforme. Es decir, las luminarias se situan en el techo, empotradas, adosadas, o colgadas a determinada altura, siempre localizadas sobre las zonas de interés.

Los sistemas de iluminación suplementarios siempre están asociados a uno de los dos sistemas anteriores. Su objetivo es suministrar, mediante una luminaria situada en el propio puesto de trabajo, la cantidad de luz necesaria para que, agregada a la aportada por un sistema general o general localizado, complete el nivel de iluminación requerido por la tarea que se realiza en ese puesto.

Su ventaja radica en lo económico que resulta situar una luminaria cercana al puesto, que evita la instalación de sistemas en el techo de manera general excesivamente potentes. Tal es el caso de la luminaria que instalan en las mesas de los dibujantes. Otras veces, la instalación de luminarias suplementarias en los puestos de trabajo tiene el objetivo de ofrecer otra calidad de iluminación y no sólo de más cantidad. Este es el caso de la luminaria de lámpara incandescente que se sitúa en las máquinas herramientas para lograr una iluminación rutilante y poder observar los defectos de las piezas que se están fabricando. Habitualmente en los videoterminales se sitúan luminarias suplementarias para elevar el nivel de iluminación sobre los documentos que debe leer el operador durante su trabajo en la máquina.

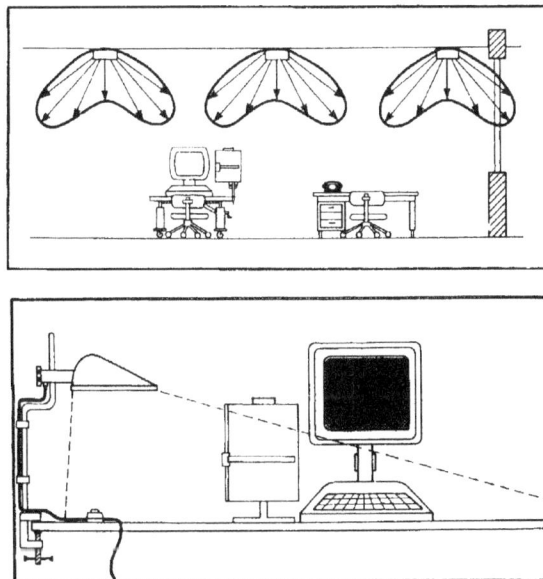

Fig. 6.16 Iluminación general con iluminación suplementaria para trabajo con ordenadores.
(Tomado de Application Notes: Brüel & Kjaer, Denmark)

Diseños de sistemas de iluminación general: Método de los lúmenes

Si el flujo luminoso que incide sobre una superficie es lo que determina el nivel de iluminación, para calcular la cantidad de lúmenes que debe emitir un sistema de iluminación general es posible aplicar la expresión ya conocida:

$$\phi = E \times S$$

donde

> ϕ = lúmenes/luminaria x cantidad de luminarias
> E = nivel de iluminación (NI) en luxes, requerido en los puestos
> S = superficie que es necesario iluminar y que cubre todo el local

La cantidad de luminarias que es necesario instalar en el techo para lograr el nivel de iluminación requerido, distribuido uniformemente en el plano de trabajo de superficie S, se puede determinar:

$$\text{Cantidad de luminarias} = \frac{\text{NI (luxes) x S (m}^2)}{\text{lúmenes/luminaria}}$$

Pero no todos los lúmenes que emite una lámpara llegan al plano de trabajo; hay pérdidas: parte de la luz se pierde al ser absorbida por la pantalla de la luminaria donde está instalada la lámpara, de manera que la forma de la luminaria, accesorios que contiene, etc, provocan pérdidas de luz. También se pierde luz absorbida por el techo y por las paredes. Por lo tanto, parte del flujo luminoso se pierde, mientras que el resto llega al puesto de trabajo -plano de trabajo- directamente o después de reflejarse en la estructura de la luminaria, en el techo y en las paredes, etc... .

Este porcentaje del flujo luminoso que llega al plano de trabajo se conoce como coeficiente de utilización (CU) y es ofrecido en tablas por los fabricantes de luminarias. Como puede comprenderse, el CU depende del tipo de luminaria, de la altura de montaje (distancia de la luminaria al plano de trabajo), de la geometría del local y de los coeficientes de reflexión del techo y de las paredes.

Pero la emisión de luz de una lámpara es variable. Si la luminaria no se limpia, el polvo y la suciedad absorben parte de la luz y la propia lámpara, aun sin dejar de funcionar, con el uso pierde emisividad de luz. Como es imposible un mantenimiento que conserve a la luminaria y a la lámpara tal como si fuesen nuevas, aun limpiándose y atendiéndose bien, hay pérdidas de flujo luminoso por ese concepto. De ahí que los fabricantes ofrezcan en sus tablas de luminarias, además del coeficiente de utilización de cada luminaria, sus factores de mantenimiento (o de conservación) (FM), que pueden ser: bueno, regular o malo, según la atención que se les preste.

Analícese este ejemplo: Una luminaria con dos lámparas fluorescentes emite en total 5000 lúmenes - valor teórico medio- y, conforme a la altura a que va a ser instalada, a la geometría del local y a los coeficientes de reflexión del techo y de las paredes, su CU es 0,78 (lo que significa que el 78% de los 5000 lúmenes deben llegar al plano de trabajo).

Por otra parte, el diseñador del sistema ha considerado que por las condiciones existentes -o que existirán- en el local, sólo será posible un mantenimiento regular de las luminarias, para lo cual el fabricante indica en su tabla que esa luminaria posee un factor de mantenimiento de 0,61, que significa que por ese concepto se pierde el 39% de luz. De esta forma se puede determinar aproximadamente que al plano de trabajo sólo llegará el 61% del 78% de los 5000 lúmenes. Es decir: 5000 x 0,61x 0,78 = 2379 lúmenes. Por todo lo anterior, la expresión para calcular la cantidad de lámparas quedará definitivamente así:

$$\text{cant. de lamp.} = \frac{\text{NI (luxes) x S (m}^2)}{\text{lum/lamp x C.U. x F.M.}}$$

El coeficiente de utilización (CU), como ya se ha dicho, depende de varios aspectos: el tipo de luminaria, la geometría del local y los coeficientes de reflexión del techo y de las paredes. Por lo tanto, en las tablas de los fabricantes aparecen, por cada luminaria, varios coeficientes de utilización; uno para cada condición. Para encontrar el CU específico después de haber seleccionado una luminaria, las tablas exigen la relación del local que es una expresión de la geometría del local. La relación del local se calcula:

Para luminarias directas, semidirectas, directas-indirectas y general difusa:

$$RL = \frac{A \times L}{hm \, (A+L)}$$

donde:

    A y L   son el ancho y el largo del local en metros

    hm   es la altura de montaje: distancia desde el plano de trabajo hasta la luminaria instalada.

Para luminarias semindirectas e indirectas:

$$RL = \frac{3(A \times L)}{2ht\text{-}p \, (A+L)}$$

donde:

    ht-p   distancia desde el plano de trabajo hasta el techo.

El cálculo de la RL ofrecerá un número que, de acuerdo con el intervalo en que se encuentre, estará asociado a una letra entre la A y la J. Esta letra es el índice del local. La tabla de RL - IL se puede ver a continuación:

Relación del local	Índice del local
menos de 0,7	J
de 0,7 a 0,9	I
de 0,9 a 1,12	H
de 1,12 a 1,38	G
de 1,38 a 1,75	F
de 1,75 a 2,25	E
de 2,25 a 2,75	D
de 2,75 a 3,50	C
de 3,50 a 4,50	B
más de 4,50	A

Ya en posesión del índice del local, se busca en la columna correspondiente a los coeficientes de reflexión del techo y de las paredes en el renglón de la letra del índice, el coeficiente de utilización.

El factor de mantenimiento FM aparece en las mismas tablas, en la luminaria correspondiente. Conocida la cantidad de lámparas necesarias para garantizar un nivel de iluminación determinado en un plano de trabajo que abarca toda la superficie del local, es preciso distribuirlas en el techo. Como lo que se emplazan son luminarias y no lámparas -salvo cuando una luminaria consta de una sola lámpara-, es menester dividir la cantidad de lámparas entre las lámparas que tiene cada luminaria.

Existen fórmulas para distribuir las luminarias en el techo uniformemente, pero en realidad resultan innecesarias, pues generalmente basta con hallar dos números que multiplicados den el número total de luminarias. Por ejemplo: para instalar 88 luminarias se hacen 11 filas de 8 luminarias cada una (11 x 8). En caso de que el número de luminarias no permita encontrar esos números -porque no son enteros- se puede aumentar hasta una o dos luminarias y si las luminarias no son de muchas lámparas, podría suprimirse alguna. Por ejemplo: emplazar 83 luminarias uniformemente en el rectángulo del techo es imposible -no existen dos números enteros que multiplicados entre sí den 83-. Sin embargo, si se agrega una luminaria, para emplazar 84 existen cuatro opciones (7 x 12; 21 x 4; 28 x 3; 42 x 2) para seleccionar de acuerdo con la geometría del techo. De estas cuatro distribuciones, para un techo de un local largo y estrecho se podría tomar la opción de 42 x 2 - dos filas de cuarenta y dos luminarias cada una. Mientras que para un local cuadrado o casi cuadrado la opción pudiera ser de 7x12 -siete filas de doce columnas de luminarias cada una-, lo que garantizará una mejor uniformidad en la distribución.

No basta con decidir la cantidad de filas y columnas para garantizar el emplazamiento satisfactorio del sistema. Es necesario que las luminarias quepan a lo largo o a lo ancho en la superficie del techo, y que resulte realmente uniforme la iluminación en todo el local. Estos son dos aspectos insoslayables para el ergónomo, que no puede dejar la decisión a los operarios que habrán de instalar las luminarias.

Para resolver estos problemas deben ser conocidas las dimensiones de las luminarias y la separación máxima entre luminarias para evitar baches en los niveles de iluminación. Esta distancia máxima entre luminarias, que depende de la altura de montaje, es un dato que facilita el fabricante en las propias tablas de los coeficientes de utilización.

Conclusiones

Existen, por supuesto, otros muchos aspectos que la práctica impone y que resulta, por su variedad, imposible enumerar. Sin embargo, no es posible pasar por alto la necesidad de evitar el deslumbramiento en un sistema de iluminación. Esto restringe la altura de montaje. Luminarias muy bajas pueden deslumbrar. Una lámpara desnuda situada frente a un observador con un ángulo visual sobre la horizontal de la línea de visión de 40° reduce por deslumbramiento directo la eficiencia visual del sujeto a un 58%; con un ángulo de 20°, al 47%; con 10° al 31% y con un ángulo visual de 5° la eficiencia visual queda reducida al 16%.

Naturalmente, existen diversos accesorios, rejillas difusoras, pantallas, vidrios difusores, etc... que permiten situar luminarias dentro de ángulos visuales críticos sin que se produzcan deslumbramientos.

Además, todo cuanto hace el hombre posee importancia económica. Ignorarla es absurdo. Medirla es necesario para comparar, decidir y, en última instancia, saber cuánto esfuerzo físico y mental ha costado. El diseño de sistemas de iluminación generalmente obliga al análisis de variantes que, usualmente, al final deben ser decididas económicamente. En estos casos hay que tener en cuenta los costos de las luminarias, de la instalación, del mantenimiento, de su consumo energético, el tiempo de vida útil, las reposiciones, el abastecimiento de accesorios, el costo de los productos defectuosos, la productividad, los costos por accidentes, etc.

7 Gasto energético y capacidad de trabajo físico

El hombre: un sistema

Sin duda alguna, el hombre es el elemento principal del sistema hombre-máquina (H-M). Todo lo que hace es para sí mismo y, nada ha podido reemplazarlo en su máxima cualidad de creador. Su posición en el sistema es, no sólo la fundamental, sino su razón de ser, aun en los sistemas más automáticos, ya que él los diseña y construye y sus programas son obra suya. Hasta ahora, no ha podido crearse un sistema que pueda sustituir esta capacidad creadora del hombre.

A pesar de que toda obra humana tiene el objetivo de servir al ser humano -antropocentrismo-, con frecuencia se pasa por alto que su función es estar a su servicio, y no a la inversa, y a veces se diseñan objetos, máquinas, instrumentos, mobiliario, instalaciones, herramientas, etc, olvidando las capacidades y limitaciones del hombre -maquinocentrismo-, y se crean así incomodidades físicas y psicológicas, deficiencias, agentes peligrosos y nocivos, que ponen en jaque su salud mental y física. Esto significa que el ingeniero, el arquitecto, el diseñador y cualquier especialista que se disponga a diseñar un sistema H-M, debe conocer las capacidades y limitaciones del hombre tan bien o mejor que las de las propias máquinas, pues en esto se juega algo más que un uso o una producción deficiente.

Los sistema funcionales del hombre

El hombre es un sistema complejo compuesto por numerosos subsistemas interrelacionados, con un objetivo definido y dentro de un ambiente determinado.

Obsérvese cómo los seres humanos cumplen también con la definición de sistema: En el hombre se integran el sistema cardiovascular, el sistema músculo-esquelético, el sistema respiratorio, el sistema nervioso; los sistemas sensoriales, visual, auditivo, táctil, olfativo, y otros. Naturalmente, también se cumplen las antes mencionadas relaciones informativas, relaciones dimensionales y relaciones de control, al menos cuando el organismo funciona correctamente, o sea, dentro de los límites previstos para ese organismo.

Por lo tanto, se puede representar al hombre, desde el punto de vista del ergónomo, mediante el esquema siguiente:

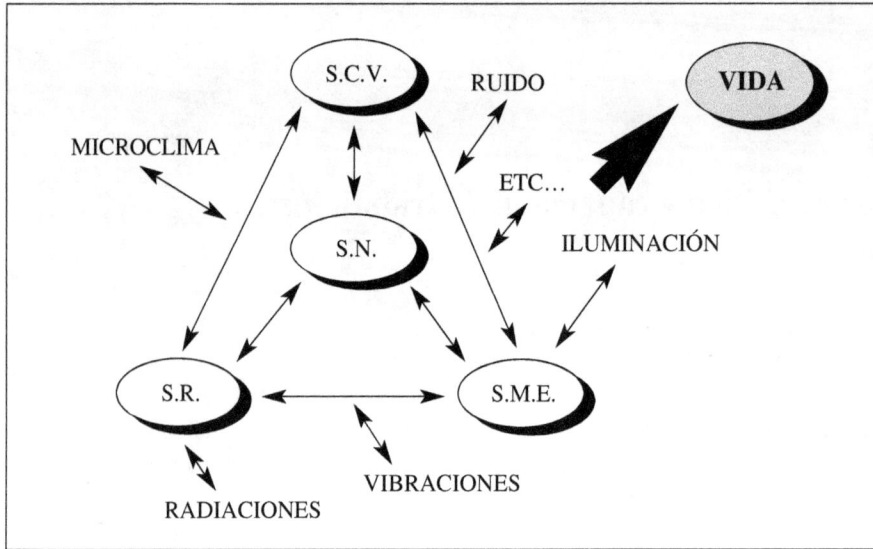

Fig. 7.1 El hombre es un sistema

Este sistema interactúa con otros muchos sistemas similares (otros hombres), o diferentes (herramientas, coches, muebles, casas, ropas...); y forma parte de otros sistemas mayores que lo acogen y a los cuales pertenece, según donde esté y qué hace. Aquí, ahora, con la lectura de este libro, se ha constituido un sistema H-M integrado por el lector, el libro, la silla y la mesa, la iluminación, el ruido ambiental, etc.., en el que participan también, sin duda alguna, los autores.

El sistema músculo-esquelético

El sistema músculo-esquelético está compuesto por los músculos, los tendones y los huesos. Su función es efectuar los movimientos y esfuerzos necesarios para la vida. Pero, aún más, los músculos durante el ejercicio físico intenso ayudan al corazón en el bombeo de la sangre, pues éste solo no podría hacerse cargo de tal tarea cuando el flujo sanguíneo debe ser muy intenso.

De modo que los sistemas de palanca que constituyen los huesos, los tendones y los músculos, garantizan directamente el trabajo físico, siempre que los demás sistemas no fallen en sus funciones: el suministro de oxígeno, alimentos, y electrolitos, y la evacuación de los residuos, por parte del sistema cardiovascular; el control de las percepciones y la impartición de órdenes, por parte del sistema nervioso, etc.

Es importante el hecho de que el trabajo puede modificar el cuerpo; tanto los músculos como los huesos a relativamente largo plazo pueden cambiar sus estructuras para adaptarse a las necesidades de la actividad del individuo. Compárese la estructura muscular y la estructura ósea de un levantador de pesas, con las de un judoka, o con un corredor de cien metros lisos.

Desde el punto de vista fisiológico el trabajo puede ser estático o dinámico. El trabajo estático generalmente es dañino pues disminuye el flujo sanguíneo en el músculo y, en consecuencia, el suministro de oxígeno y alimentos a éste, así como la evacuación de los residuos metabólicos, mientras que el trabajo dinámico favorece estos procesos.

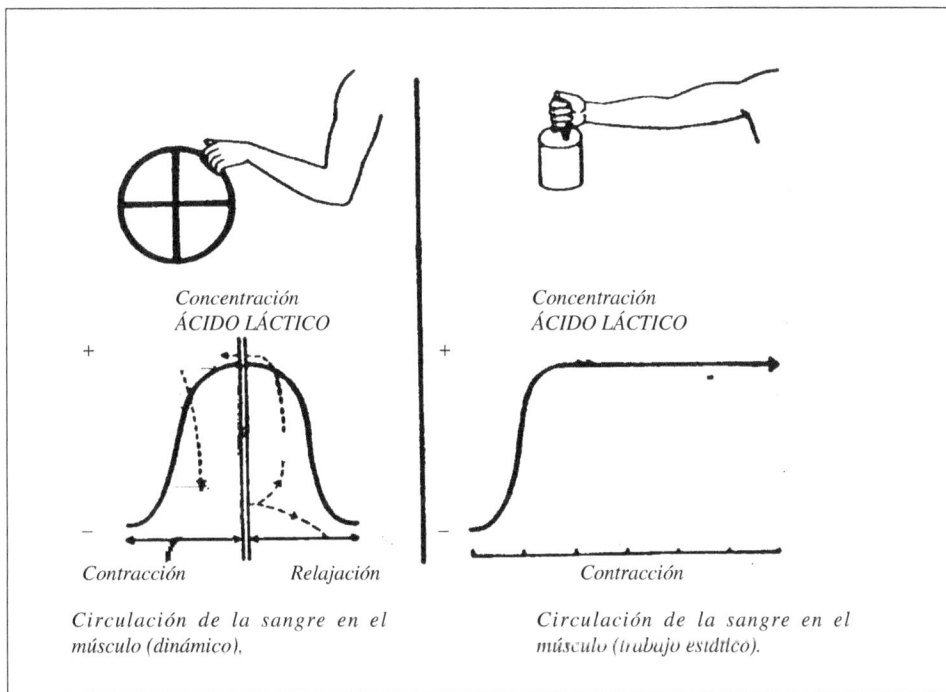

Fig. 7.2 Trabajos dinámico y estático (Grandjean)

Por otra parte, un trabajo dinámico que exija una frecuencia de contracciones muy elevada también es perjudicial, pues se acerca con su elevada frecuencia al trabajo estático.

El sistema músculo-esquelético está sostenido por la columna vertebral, por cuyo interior pasa la médula espinal, conectora del sistema nervioso central y el sistema nervioso periférico. Si esto no se tiene en cuenta cuando se realizan diseños de puestos de trabajo, o cuando se proyectan e implementan métodos de trabajo, se puede obligar al hombre a realizar esfuerzos, movimientos o posturas inadecuados y, por lo tanto, perjudiciales a su salud.

El sistema respiratorio

La función fundamental del sistema respiratorio es proporcionar aire fresco al organismo, entregando oxígeno en los alvéolos pulmonares al sistema cardiovascular y tomando de éste el CO_2 y otros gases residuales para su expulsión del organismo.

El sistema respiratorio incrementa su frecuencia de trabajo cuando el cuerpo solicita más oxígeno, bien por la realización de un trabajo físico, o por una situación emotiva que requiera un estado de alerta.

El sistema cardiovascular

El sistema cardiovascular, compuesto por el corazón, venas, arterias y capilares, es el transportista del organismo: distribuye a todos los rincones del cuerpo, célula por célula, el oxígeno que le entrega el sistema respiratorio en los pulmones y los alimentos y otros compuestos necesarios al cuerpo que le entrega el sistema gastrointestinal y, al regresar, transporta las sustancias residuales de la combustión metabólica, como el CO_2 y otros gases, para su expulsión al exterior a través del sistema respiratorio.

Tabla 7.1 Distribucción del flujo sanguíneo para reposo y trabajo pesado.

Órganos	Flujo total sanguíneo	
	Reposo, 5 l/min.	Trabajo pesado, 25 l/min.
Sistema digestivo	25-30%	3-5%
Corazón	4-5%	4-5%
Riñones	20-25%	2-3%
Huesos	3-5%	0,5-1%
Cerebro	15%	4,6%
Piel	5%	80-85%
Músculos	15-20%	80-85%

El sistema cardiovascular además tiene una importante función termorreguladora, manteniendo el calor del cuerpo en ambientes fríos y refrescándolo en ambientes calurosos, como pudo verse en el capítulo correspondiente al ambiente térmico y a la termorregulación.

El sistema nervioso

El sistema nervioso está formado por el sistema nervioso central (SNC) y el sistema nervioso periférico (SNP). Es el controlador del cuerpo humano, el encargado de tomar decisiones y de crear;

es el centro del pensamiento. El SNC recibe la información que le hace llegar el SNP desde de todos los rincones del organismo e imparte las órdenes necesarias para el buen funcionamiento de éste.

El hombre es un sistema altamente complejo y sus subsistemas están estrechamente interrelacionados. Todo lo que ocurra en uno de ellos repercutirá en los restantes. Con esto queremos enfatizar que las emociones y los diferentes estados psíquicos pueden modificar las condiciones físicas del organimo y viceversa.

El hombre y su energía

Para que funcione el sistema hombre y pueda vivir, es decir: trabajar, crear, divertirse, educarse ..., necesita energía y esta energía la produce el mismo sistema.

La producción de energía en el hombre fundamentalmente es consecuencia de la combustión de los alimentos con el oxígeno. Existen tres tipos básicos de alimentos: los carbohidratos, las grasas y las proteínas, donde los carbohidratos y las grasas son los que más valor energético proporcionan al organismo, cuando el ejercicio físico es intenso.

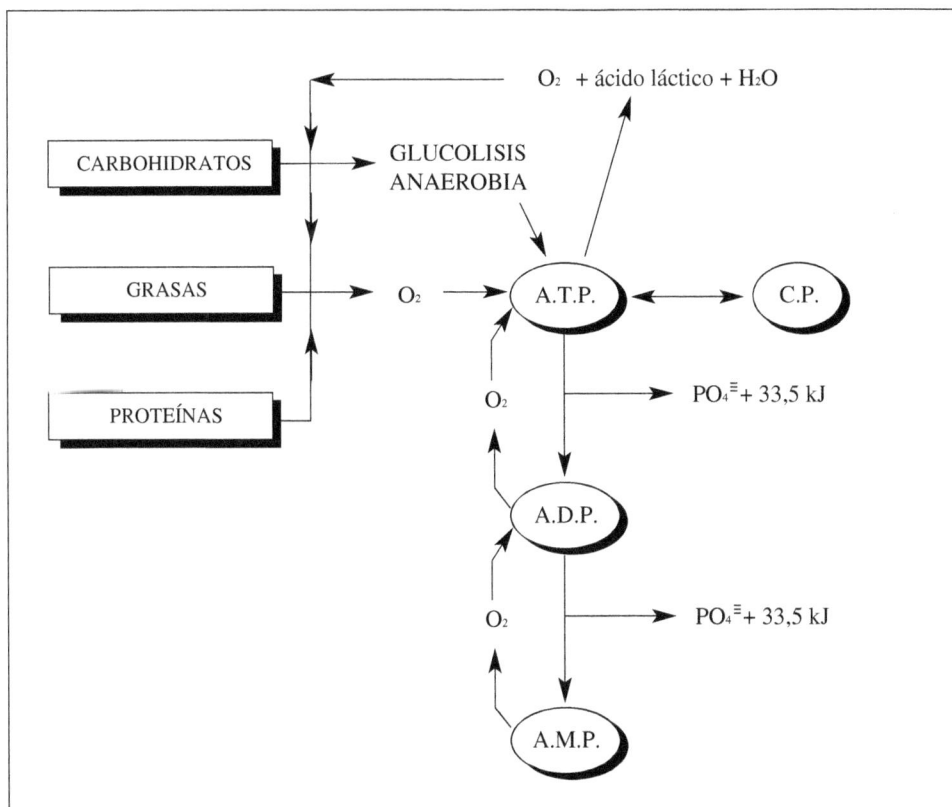

Fig. 7.3 Esquema muy simplificado de la producción de ATP.

El hombre obtiene casi toda su energía de las grasas y de los carbohidratos, si dispone de ellos, y cuando éstos se agotan hace uso de las proteínas. Como resultado de esta combustión se obtiene la molécula primaria de la energía, el trifosfato de adenosina, conocida por sus siglas ATP, que se almacena en pequeñas cantidades en los músculos a manera de reserva para iniciar una actividad que requiera un incremento de energía, mientras el organismo se pone a tono con la nueva situación creando más ATP. A medida que las circunstancias lo exijan el ATP va perdiendo radicales fosfato PO_4^- , cada uno de los cuales proporciona 33,5 kJ (8 kcal) de energía. De esta forma se convierte en difosfato de adenosina ADP y después en monofosfato de adenosina AMP, proceso que es reversible en presencia de oxígeno.

ALIMENTOS + O2

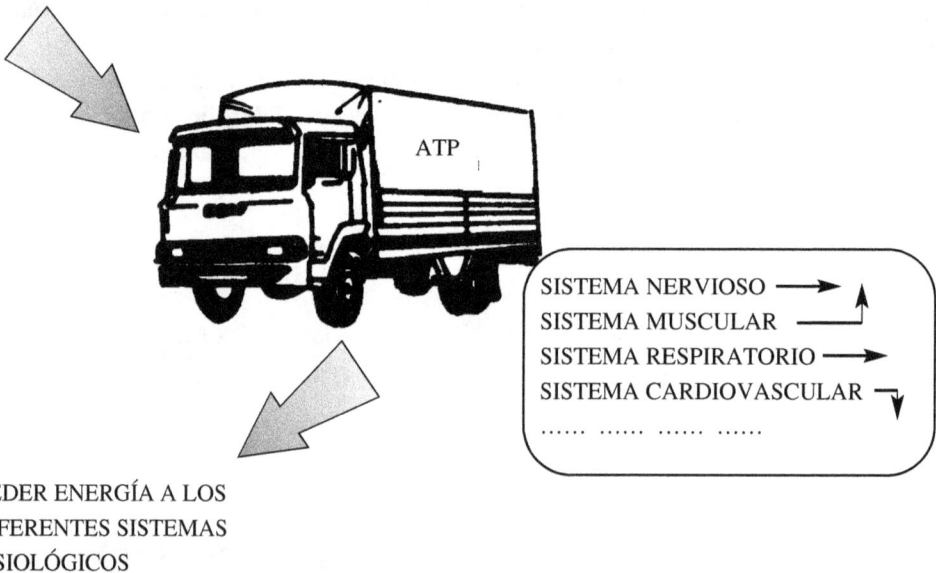

CEDER ENERGÍA A LOS
DIFERENTES SISTEMAS
FISIOLÓGICOS

Fig. 7.4 Distribución del ATP por el organismo.

De la misma forma, el organismo posee reservas de fosfato de creatina (CP), que es un concentrado de energía 10 veces superior al ATP, el cual junto con el ATP de reserva puede hacer frente durante unos 30 segundos a las necesidades iniciales hasta que se inicie la glucolisis (oxidación de la glucosa y del glucógeno), que al principio se efectúa gracias al oxígeno almacenado en los tejidos en pequeñas cantidades. Hay que tener en cuenta que el sistema respiratorio, encargado de suministrar el oxígeno a la sangre, se incorpora al proceso con relativa lentitud, por lo cual el organismo debe, mientras esto ocurre, acudir a otro tipo de fuente energética mediante el proceso denominado glucolisis anaeróbica, que consiste en la creación de ATP a partir de los carbohidratos sin la participación del oxígeno. El metabolismo puede incrementarse en caso necesario unas 20 veces; es decir, aproximadamente desde 4 kJ/min del metabolismo basal, hasta 85 kJ/min.

El gasto energético en el hombre

La eficiencia mecánica del cuerpo humano no rebasa en el mejor de los casos en ejercicios muy dinámicos el 20% (según algunos autores, pudiera llegarse al 25-30%). Esto significa que de la energía que se consume para realizar un trabajo físico sólo la cuarta parte, en contadas ocasiones, se aprovecha como trabajo útil y el resto se pierde en forma de calor, como vimos en el capítulo 4 sobre confort térmico.

Si se diseña un sistema H-M que exija determinado consumo energético al hombre, ignorando cuál es este consumo y la cantidad límite de energía que puede consumir, se habrá diseñado un sistema a ciegas, pues si el consumo energético está por encima de las posibilidades del hombre, éste será incapaz de cumplir habitualmente la tarea, o la cumplirá durante un tiempo hasta que alcance su valor límite o modifique su actividad, consciente o inconscientemente, disminuyendo su ritmo o modificando sus métodos de trabajo, quizás en detrimento de la productividad o de la calidad, lo cual sucede con frecuencia; ése es el momento en que los operarios generan pausas de trabajo encubiertas o disfrazadas.

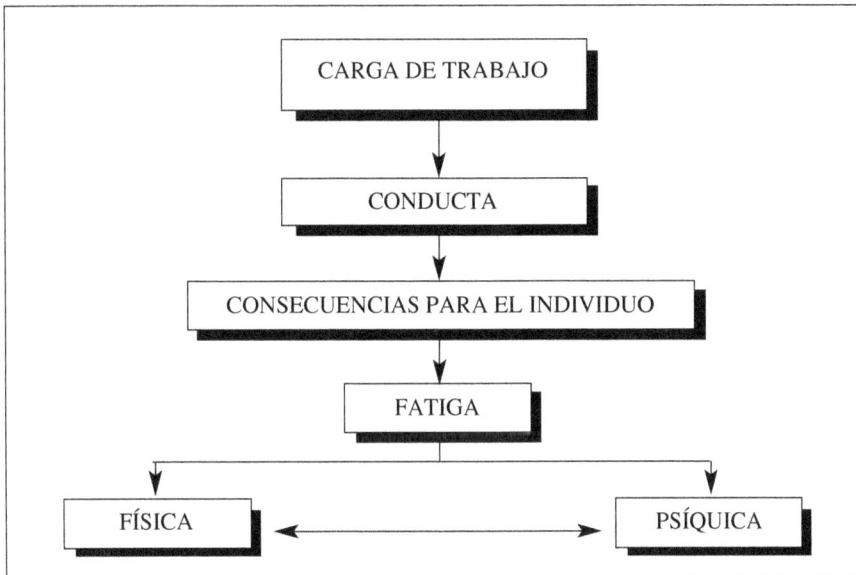

Fig. 7.5 *Conjunto de requerimientos psicofisiológicos a que se ve expuesto el trabajador.*

El gasto energético en función del consumo de oxígeno versus tiempo se expresa gráficamente en la figura 7.6. Una curva similar se obtiene en función del ritmo cardíaco vs. tiempo.

Obsérvese en la figura 7.6 que desde t_0 hasta t_1 no existe variación del consumo de oxígeno; en este ejemplo significa que el sujeto está en reposo consumiendo aproximadamente 0,25 litros de O_2/min. Esta cantidad depende de varios factores, pero se puede estimar entre el 140 y el 150% del metabolismo basal. En el gráfico 7.6, a partir de t_1 minutos el sujeto inicia un trabajo que requiere de un gasto energético de B litros de O_2/min. Sin embargo, no logra desde el inicio del trabajo que su sistema respiratorio y cardiovascular abastezcan a sus músculos de esa cantidad de oxígeno para la producción la energía que exige la actividad, debido a la inercia de dichos sistemas, y se inicia un incremento gradual de toma de oxígeno hasta los t_2 minutos.

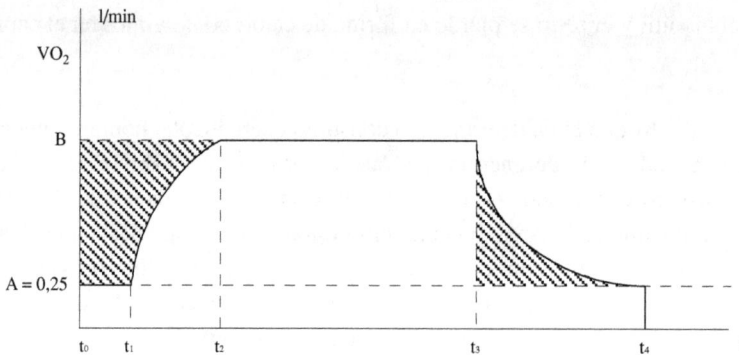

Fig. 7.6 Esquema del consumo de oxígeno versus tiempo.

Así pues, durante el tiempo comprendido entre t_1 y t_2 el organismo debe tomar energía de otras fuentes que complementen las necesidades de oxígeno aún incompletas. La energía complementaria necesaría se encuentra, en pequeñas cantidades, como reserva en los músculos en forma de moléculas de ATP, y en la energía anaeróbica que se produce a partir de la glucosa y el glucógeno mediante la glucolisis anaeróbica, hasta que los sistemas respiratorio y cardiovascular logran el abastecimiento completo en el instante t_2. Por lo tanto, entre t_1 y t_2 parte de la energía es anaeróbica y parte es aeróbica. Esto dura unos pocos minutos. En el gráfico 7.7 es posible observar este proceso.

Para comprender con plenitud este fenómeno, pueden subirse diez pisos de un edificio por las escaleras. Así se comprueba cómo en los primeros escalones los sistemas respiratorio y cardiovascular no se incorporarán de inmediato a la tarea e irán incrementando su trabajo, aumentando poco a poco la frecuencia respiratoria y el ritmo cardíaco, hasta que logran suministrar el oxígeno que exige el trabajo de subir la escalera y en ese momento se mantienen constantes si el gasto energético no es superior a las posibilidades aeróbicas, pues de lo contrario habrá que detenerse a descansar. Por lo tanto, B litros/min de oxígeno es el gasto energético para esa actividad, al cual hay que restarle el gasto energético del metabolismo basal, necesario para mantener funcionando a nuestro organismo y no para realizar ese trabajo.

Las energías anaeróbica y de reserva consumidas al inicio para completar la exigida por la actividad hasta llegar a t_2 minutos es una deuda pendiente que hay que pagarle al organismo, pues de lo contrario éste quedaría inerte, descargado, imposibilitado de iniciar cualquier nueva actividad. Entre t_2 y t_3 el trabajo se realiza aeróbicamente, y en t_3, terminado el trabajo, no cesa el suministro de oxígeno, y los sistemas cardiovascular y respiratorio continuarán acelerados e irán descendiendo poco a poco su actividad hasta alcanzar en t_4 los niveles del reposo iniciales de t_1 de A litros/min. Así, en el tiempo t_3-t_4 minutos, se paga la deuda de oxígeno contraída con el organismo inicialmente, deuda que queda saldada en t_4.

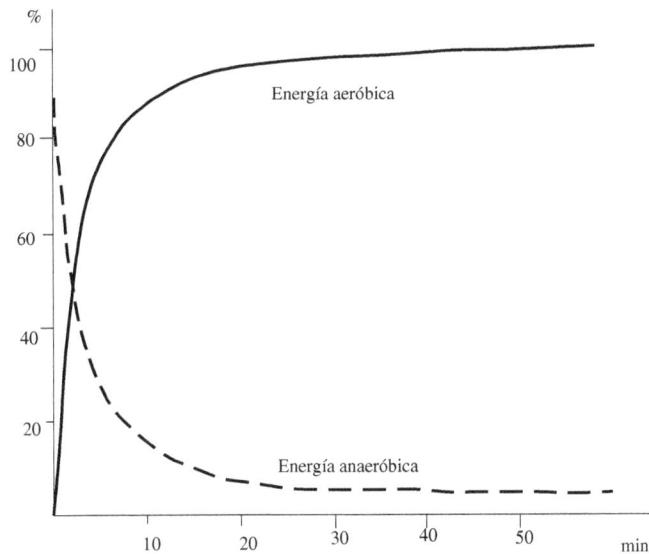

Fig. 7.7 *Representación de las energías aeróbica y anaeróbica durante el trabajo físico.*

En la figura 7.8 se puede observar una familia de curvas que, como ejemplo, representan el gasto energético para seis actividades físicas diferentes impuestas a un sujeto. En la misma figura, en línea de puntos, se muestra el incremento de ácido láctico en la sangre, y en recta discontinua el consumo de oxígeno.

Véase cómo en la actividad 5, que exige una potencia de 250 W, y en la actividad 6, de 300 W, el consumo de oxígeno se mantiene constante (3,5 l/min.) porque el sujeto ha llegado a su máxima potencia aeróbica, es decir, a su límite de consumo de oxígeno, a pesar de lo cual el sujeto del ejemplo logra incrementar su potencia unos 50 W gracias a la aportación de la energía anaeróbica.

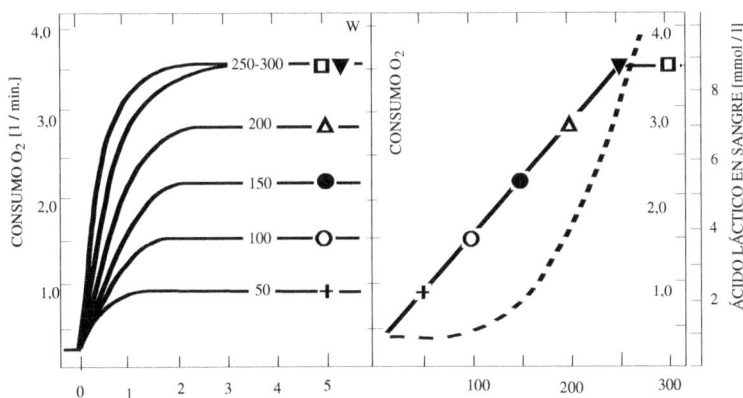

Fig. 7.8 *Representación del consumo de oxígeno, y producción de ácido láctico en una persona sometida a seis actividades diferentes.*

Clasificación del trabajo físico según su intensidad

El trabajo físico se clasifica según su intensidad en: ligero, moderado, pesado y muy pesado. La norma ISO-7243 lo hace de la siguiente forma:

tipo	(M) watt / m^2
0 (descanso)	M < 65
1 (ligero)	65 < M < 130
2 (moderado)	130 < M < 200
3 (pesado)	200 < M < 260
4 (muy pesado)	M > 260

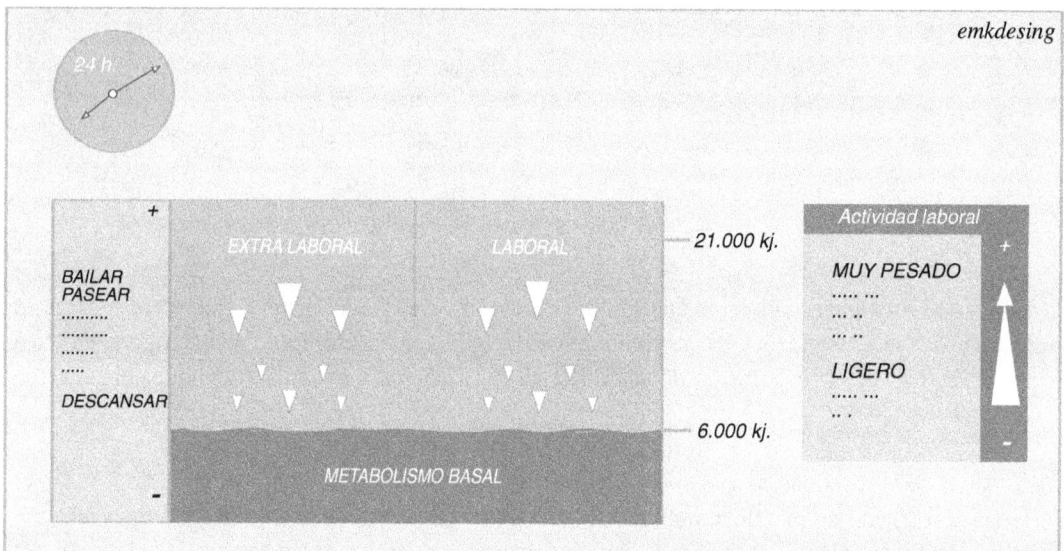

Fig. 7.9 Consumo energético de la persona durante el día.

Métodos para determinar el gasto energético de las actividades físicas

Existen diferentes métodos para calcular el consumo energético de una actividad física. Éstos pueden ser de dos tipos:

1   calorimetría directa

2   calorimetría indirecta

La calorimetría directa consiste en la medición del calor que pierde el organismo realizando una actividad dentro de un calorímetro. Este método requiere de un costoso calorímetro, y obviamente, que la actividad a medir pueda ser realizada en su interior.

La calorimetría indirecta se puede realizar por cualquiera de los siguientes métodos:

1. Control de los alimentos que consume el hombre durante un período de tiempo relativamente largo; obliga a la cuantificación muy estricta de todas las actividades que realiza el trabajador durante días, de los alimentos que consume y de su peso, por lo cual, conociendo el valor calorífico de los alimentos, se puede saber cuántas calorías se han almacenado en su cuerpo y cuántas se han invertido en el trabajo y en las restantes actividades realizadas en el período. Este método es realmente tedioso pues, además del tiempo, es necesario descontar las actividades no laborales para poder conocer cuánto se ha gastado en la actividad específica que se quiere medir.

2. La medición del consumo de oxígeno de la actividad física es otro método de calorimetría indirecta, más práctico que el anterior. Conociendo el oxígeno que ha consumido una persona realizando una actividad (bolsa de Douglas, métodos electrónicos, etc) y sabiendo que el valor calorífico del oxígeno es aproximadamente 20,1 kilojoules/litro, cuando se ha utilizado una alimentación balanceada, ya que el aporte energético de los carbohidratos, grasas y proteínas no es el mismo, se puede conocer el gasto energético que ha provocado la actividad.

3. Medición de la frecuencia cardíaca. La relación que existe entre el consumo de oxígeno y la frecuencia cardíaca se comporta linealmente, al menos hasta las 170 pulsaciones por minuto. Sometiendo a una persona a varias cargas progresivamente mayores, y midiendo su consumo de oxígeno y su correspondiente ritmo cardiaco, se obtiene la recta VO_2-FC del sujeto. Esta linealidad permite conocer a través de su frecuencia cardíaca, con suficiente exactitud, el consumo de oxígeno que tendrá ese individuo durante cualquier otra actividad física, desde moderada a muy pesada. En la figura 7.10 se ilustra esta relación VO_2 - FC de dos individuos A y B.

4. Otros métodos. Otro forma de estimación del gasto energético es mediante la utilización de Tablas confeccionadas por especialistas a partir de investigaciones realizadas utilizando las metodologías anteriores (Astrand, 1960; Astrand y Rodahl, 1986; Rodhal, 1989 y otros), si bien debieran ser replicadas para la población española, pueden resultar de mucha utilidad cuando son interpretadas por ergónomos con experiencia. Estas tablas pueden presentarse según actividades específicas, o según posturas y movimientos.

La capacidad de trabajo físico (CTF)

El conocimiento del gasto energético que exige una tarea, es necesario para compararlo con el gasto energético que realmente puede permitirse la persona que va a realizar, lo que depende de su capacidad de trabajo físico.

Se define la capacidad de trabajo físico (CTF) como la cantidad máxima de oxígeno que puede procesar o metabolizar un individuo, por lo que también se le denomina capacidad aeróbica o potencia máxima aeróbica, pues la cantidad de energía anaeróbica con que puede contar el hombre es muy pequeña, comparada con la aeróbica. Las diferencias individuales respecto a la capacidad de trabajo físico son significativas, aunque es posible hacer estimaciones para situaciones que no sean críticas.

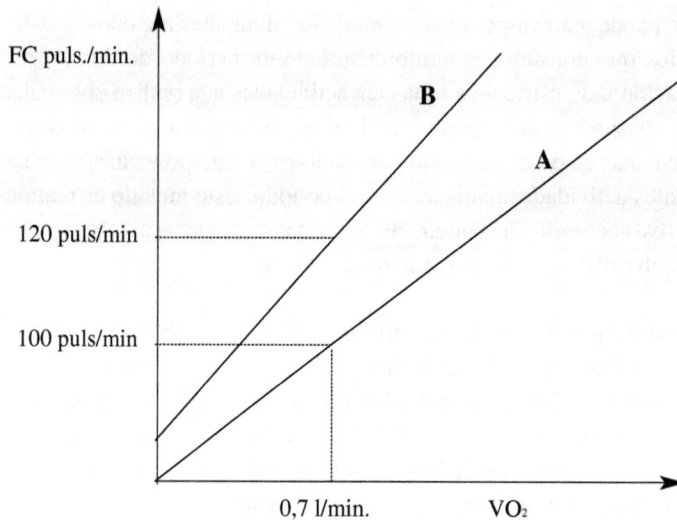

Fig. 7.10 Recta VO₂-FC de dos sujetos. Obsérvese cómo el sujeto A, para un mismo nivel de metabolización de O₂, tiene una menor FC.

Tablas 7.2 Tablas de Lehmann para evaluar actividades físicas.

A: postura, movimiento corporal		kcal/min trabajo	kcal/h trabajo
Sentado		0,3	20
Arrodillado		0,5	30
Acuclillado		0,5	30
Parado		0,6	35
Encorvado de pie		0,8	50
Caminando		1,7 - 3,5	100 - 200
Escalando una rampa de 10° y 0,75 m de altura			400
B: tipo de trabajo			
Trabajo manual	Ligero	0,3-0,6	15-35
	Moderado	0,6-0,9	35-50
	Pesado	0,9-1,2	50-60
Trabajo con dos brazos	Ligero	1,5-2,0	80-110
	Moderado	2,0-2,5	110-135
	Pesado	2,5-3,0	135-160
Trabajo con todo el cuerpo	Ligero	2,5-4,0	135-220
	Moderado	4,0-6,0	220-325
	Pesado	6,0-8,5	325-450
	Muy pesado	8,5-11,5	450-600

La CTF se puede medir sometiendo al sujeto, bajo determinadas condiciones ambientales, a un aumento progresivo de la carga de trabajo físico, lo que irá provocando el incremento del consumo de oxígeno hasta que, a un nuevo incremento de la carga de trabajo, ya no se producirá más incremento del consumo de oxígeno. En ese momento el individuo habrá llegado a su potencia máxima aeróbica, tal como se puede ver en la figura 7.8, antes expuesta. La CTF depende de factores individuales como son sexo, edad, entrenamiento, condiciones ambientales, estados emocionales, etc,... y disminuye con la fatiga.

Conocidos el gasto que provoca la tarea y la capacidad de trabajo físico del trabajador que la va a realizar, es posible diseñar y organizar el trabajo adecuadamente, incluyendo frecuencias de movimientos, posiciones, esfuerzos, formas de llevar la carga, tiempos y descansos o cambios de actividad, etc. De la misma forma, con unos valores óptimos de referencia, es posible hacerlo para todo un colectivo de trabajadores.

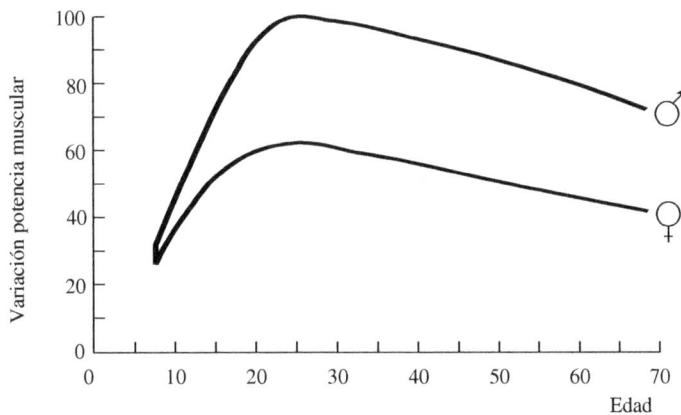

Fig. 7.11 Potencia muscular en función del sexo y la edad.

Existen diversas expresiones para efectuar los cálculos; no obstante, como es natural, ninguna es óptima. Además de las diferencias individuales, que son un serio obstáculo para aplicar un método simple, se plantean diferencias por países, e incluso por nacionalidades y regiones. Si se quiere ser riguroso, esto se complica aún más, ya que generalmente no se tiene en cuenta la sobrecarga térmica, el ruido, etc. en estas expresiones. Estudios realizados apuntan a la importancia de estos factores en el resultado final. Por otro lado, existen expresiones que se basan en un hipotético hombre-tipo inexistente, y que además no tienen en cuenta la fatiga acumulada por actividades anteriores.

El conocimiento de la CTF mediante el consumo máximo de oxígeno tiene una alternativa más simple y práctica que no somete al sujeto a esta prueba límite, y que rebaja el peligro de colapso y la obligatoriedad de aplicarse con supervisión médica. Esta alternativa consiste en la aplicación de una prueba submáxima, sustituyendo el consumo de oxígeno por la frecuencia cardiaca, el cual, como se ha dicho, hasta las 170 pulsaciones/min., aproximadamente, se comporta linealmente con el incremento del consumo de oxígeno. Para ello se somete al sujeto a cargas sucesivas de trabajo y se

EDAD SEXO

ESTADOS
EMOCIONALES — **CTF** ← PERICIA

ENTRENAMIENTO

CONDICIONES
AMBIENTALES

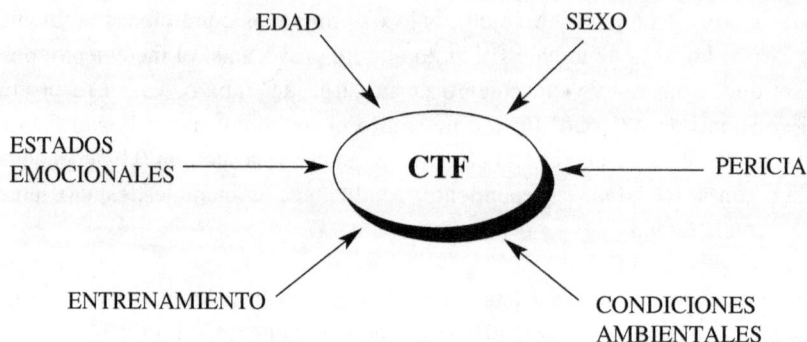

Fig. 7.12 Factores que influyen en la capacidad de trabajo físico del hombre.

estima la carga que provocaría en él una frecuencia cardiaca de 170 puls./min.; esta sería la carga de trabajo (CT_{170}), la capacidad de trabajo físico para vencer esta carga es CTF_{170}.

Ciertamente, la valoración del CTF_{170} no es equivalente a la CTF, sin embargo se acepta como una medida práctica de CTF, aunque para diferenciarla se acostumbra a denominar CTF_{170}.

Otro método submáximo, más sencillo aún, es el de la prueba del escalón, que consiste en hacer subir y bajar al trabajador durante cinco minutos, siguiendo un ritmo determinado, un banco de dos escalones. Al finalizar la prueba, inmediatamente, se le mide la frecuencia cardiaca, y mediante un nomograma confeccionado al efecto, con la frecuencia cardiaca, se estima el consumo máximo de oxígeno del sujeto.

A partir de los valores propuestos por Lehmann, Viña, del ISPJAE de La Habana, (1984) dedujo la expresión matemática (1) que se ofrece a continuación, que sólo se diferencia en su valores de lo propuesto por Lehmann en los primeros minutos.

(1) $$LGE = CTF (1,1 - 0,3 \log t)$$

donde:

LGE   es límite del gasto energético que se puede expresar en J/min, kcal/min, o litros O_2 /min.

CTF   es la capacidad de trabajo físico del trabajador específico expresado en las mismas unidades que el LGE.

t   es el tiempo de trabajo en minutos.

De la expresión anterior puede obtenerse la expresión (2) del límite del gasto energético acumulado en joules, en litros de oxígeno , o en kcal.

(2) $$LGEa = CTF (1,1 - 0,3 \log t) t$$

La principal ventaja de la aplicación de este método, que permite el diseño de actividades físicas desde moderadas hasta muy pesadas, radica en su visualización gráfica y en su utilización mediante ordenador personal.

En la figura 7.13 se puede observar el arco LGEa de una persona. La actividad física a que se puede someter a un sujeto no debe rebasar el arco en ningún momento, pues éste constituye el límite de su consumo energético. La cuerda que une los extremos del arco significa el gasto energético promedio de toda la jornada laboral.

Este método es práctico para ejecutarlo a mano sólo cuando se efectúa una actividad física; para más actividades es necesario utilizar un programa informático.

En los últimos trabajos realizados por Gregori y Mondelo (1992) se ha incluido en el método el concepto de capacidad de trabajo físico modificada CTFM, de manera que es posible el diseño de regímenes de trabajo y descanso considerando, además del gasto energético, la sobrecarga térmica y otros factores adicionales que inciden sobre la capacidad de trabajo físico del hombre. Para la utilización de este método existe el programa REGI (1993) de la UPC.

(3) $$LGE = CTFM (1,2 - 0,33 \log t)$$

(4) $$LGEa = CTFM (1,2 - 0,33 \log t)t$$

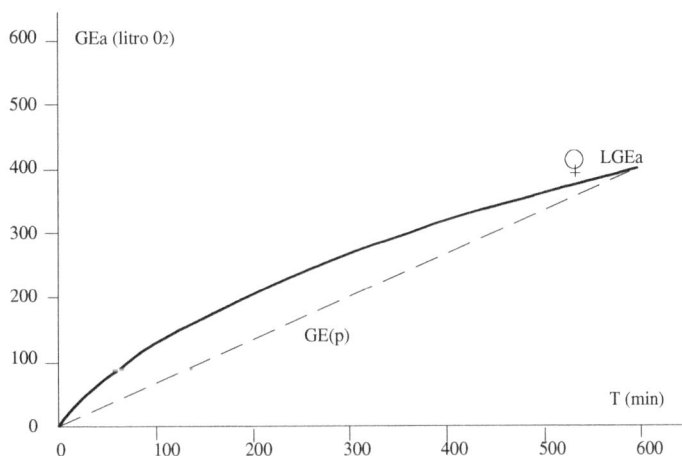

Fig. 7.13 Arco del LGE acumulado de un sujeto.

Conclusiones

Existe una estrecha relación entre la CTF de las personas y el GE de las actividades. En ergonomía no es prudente admitir que unas tablas promedio determinen los regímenes de trabajo descanso; antes bien, debemos lograr la correcta armonía entre los períodos de actividad y descanso, el GE, la CTF y las condiciones ambientales, mediante proyectos que, considerando las capacidades de cada uno de los operarios, fijen los rangos permisible de su actuación.

Por otra parte, debemos considerar que en las situaciones reales de trabajo el hombre siempre está sometido a una serie de fenómenos físicos y psíquicos que limitan su CTF.

Uno de estos factores es la sobrecarga térmica que disminuye la CTF de los operarios. De ahí que los métodos de análisis que no contemplan esta variable son incompletos, pudiendo, en el mejor de los casos, servir sólo de referencia. Si se quiere crear una metodología ergonómica para la correcta distribución de períodos de trabajo-descanso en regímenes calurosos, se debe introducir obligatoriamente el concepto de barrera de tensión térmica.

8 Carga mental

Actividad física y actividad mental

Toda actividad humana se compone de carga física y de carga mental. Acostumbramos a tipificar la actividad en función del predominio de una u otra, ya que, usualmente, existe una diferencia importante entre las cargas requeridas por las diferentes tipo de actividades que realizan las personas.

Podemos definir la carga de trabajo mental como función del número total y la calidad de las etapas de un proceso, o el número de procesos requeridos para realizar una actividad y, en particular, la cantidad de tiempo durante el cual una persona debe elaborar las respuestas en su memoria. O sea, los elementos perceptivos, cognitivos y las reacciones emocionales involucradas en el desarrollo de una actividad.

Se ha detectado que los operarios expuestos a sobrecarga mental, que puede ser cuantitativa (cuando hay demasiado que hacer) o cualitativa (cuando el trabajo es demasiado difícil); o infracarga, cuando los trabajos están muy por debajo de la calificación profesional, sufren diferentes trastornos del comportamiento y síntomas de disfunciones que se atribuyen a los factores intrínsecos de la tarea.

La sobrecarga o la infracarga de trabajo producen síntomas de estrés que se manifiestan, en algunos casos, con la pérdida del respeto de sí mismo, una motivación mediocre para el trabajo y una tendencia a refugiarse en las drogas, sobre todo tabaco y alcohol.

La hiperestimulación o sobrecarga cualitativa está más asociada con la insatisfacción, las tensiones y una baja opinión de sí mismo, mientras que la subestimulación, o infracarga, está más asociada con la depresión, la irritación y los trastornos psicosomáticos, además de la insatisfacción.

Atendiendo a los aspectos de la sobrecarga, son ya clásicos los estudios de Breslow y Buell (1960) que concluían en la existencia de una relación entre la duración del trabajo y los casos de muerte causados por enfermedades coronarias. Las investigaciones recientes (OIT, 1984; Hurrel, Murphy, Sauter y Cooper, 1988; Wisner, 1988) sugieren que la sobrecarga de trabajo produce diferentes manifestaciones de tensión psicológica y física, entre otras: insatisfacción en el trabajo, autodepreciación, sensación de amenaza y de malestar, tasa elevada de colesterol, aceleración del ritmo cardíaco y aumento del consumo de tabaco.

El exceso de carga de trabajo también puede derivarse del uso de técnicas muy perfeccionadas; por ejemplo, en las centrales nucleares donde el trabajador dedica la mayor parte de su tiempo a tareas monótonas de vigilancia y control, en las que acostumbran a aparecer largos períodos de inactividad que pueden ser interrumpidos repentinamente por una situación de gran urgencia, puede conducir a un quebrantamiento repentino del estado físico y mental del trabajador y minar su salud (Bosse y colaboradores, 1978), y ocasionar transtornos en la buena marcha del trabajo (Davidson y Veno, 1980; Montes 1989). Además, en situaciones críticas, las reacciones del operario sometido a trabajos muy automatizados son menos eficaces como consecuencia del tedio y de la falta de interés acumulados por su trabajo (Davidson y Veno, 1980; Montes, M. 1989).

La falta de interés en la tarea, generalmente, correlaciona con la infracarga, cuyas consecuencias se agravan a menudo por el hecho de que el trabajador no domina la situación a la que se enfrenta (Gardell, 1976) y provoca síntomas semejantes a la sobrecarga, añadiendo la tendencia a la depresión.

El desarrollo tecnológico está potenciando el cambio de una actividad eminentemente física a otra de tipo psíquico, con lo que da lugar a un aumento de los trabajos en los que predomina la actividad mental, y en los que la actividad física se ha reducido a cotas peligrosamente bajas.

Carga mental

La carga mental viene determinada principalmente por la cantidad de información que debe tratarse, el tiempo de que se dispone y la importancia de las decisiones. En la carga de trabajo mental intervienen además aspectos afectivos, los cuales pueden correlacionarse con otros conceptos: autonomía, motivación, frustración, inseguridad, etc.... La carga mental puede estar más o menos tolerada en función de la satisfacción o la motivación que los trabajadores encuentran en su trabajo (Cox y Mckay 1979; Provent 1980; Cohen 1984, Wisner 1988) (Fig. 8.1).

Cualquier tipo de operación mental se puede analizar como un proceso que incluye diferentes suboperaciones: detectar la información, identificarla, decodificarla, interpretarla, elaborar las posibles respuestas y elegir las más adecuadas, tomar las decisiones, emitir la respuesta/s y recuperar los efectos de la intervención para hacer una estimación de su efectividad (Fig. 8.2).

Además, en la práctica laboral, los estímulos no se presentan de uno en uno sino que aparecen simultáneamente, interfiriéndose y creando ruidos, con lo que este proceso se vuelve mucho más complejo; intervienen entonces como factores determinantes de la carga mental, que ayudan a paliar, o que al contrario potencian la gravedad del hecho (Fernández de Pinedo y otros. 1987), y que son los siguientes:

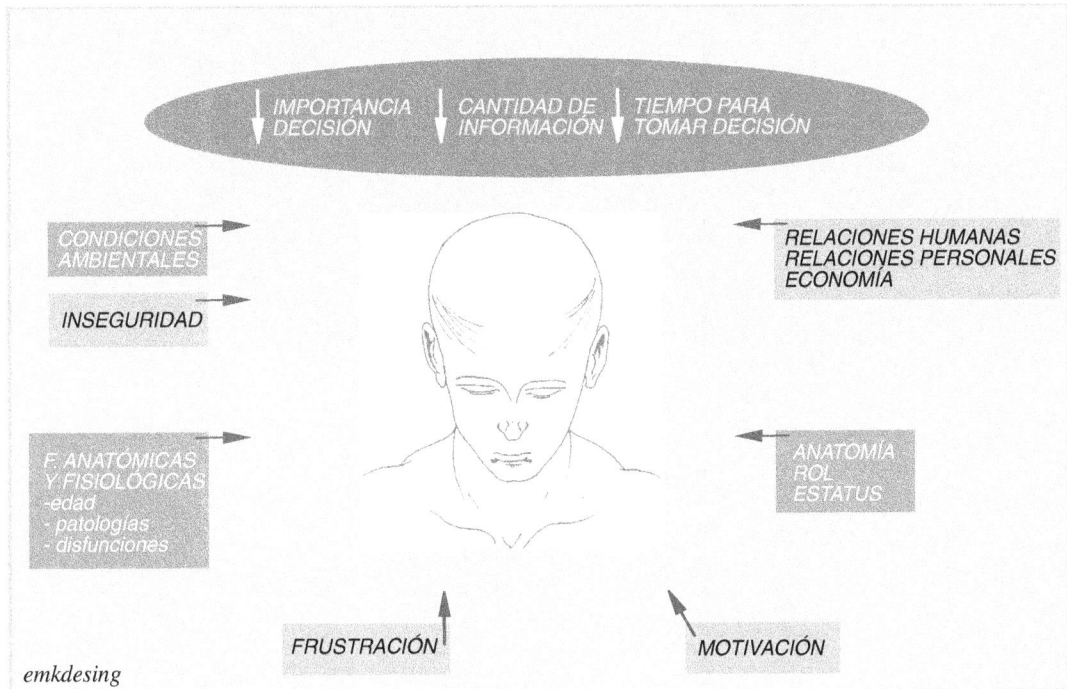

Fig. 8.1 Factores que inciden en el incremento de la carga de trabajo.

i   La posibilidad de automatizar las respuestas mediante la creación de arcos reflejos condicionados: una vez superado el período de aprendizaje, algunas respuestas llegan a automatizarse, lo que redunda en una disminución de la carga mental y en un incremento de las conductas estereotipadas.

ii La cantidad de respuestas conscientes a realizar: si el trabajo exige muchas respuestas pero cortas y repetitivas la carga mental es menor que si las respuestas exigen una elaboración mayor.

iii El tiempo: La duración ininterrumpida de un proceso estímulo-respuesta puede provocar una saturación en la capacidad de respuesta del individuo.

Hay que tener en cuenta, una vez más, que la capacidad de respuesta del hombre es limitada y está en función de una serie de variables tales como: edad, nivel de aprendizaje, pericia, estado de fatiga, características de la personalidad, experiencia, actitud y motivación hacia la tarea, condiciones ambientales, etc. (Fig. 8.3).

Si el usuario realiza su tarea en los límites de sus capacidades, lo que implica el mantenimiento prolongado de un esfuerzo, puede dar lugar a la fatiga mental, y... a respuestas erróneas en situaciones críticas (Fig. 8.4).

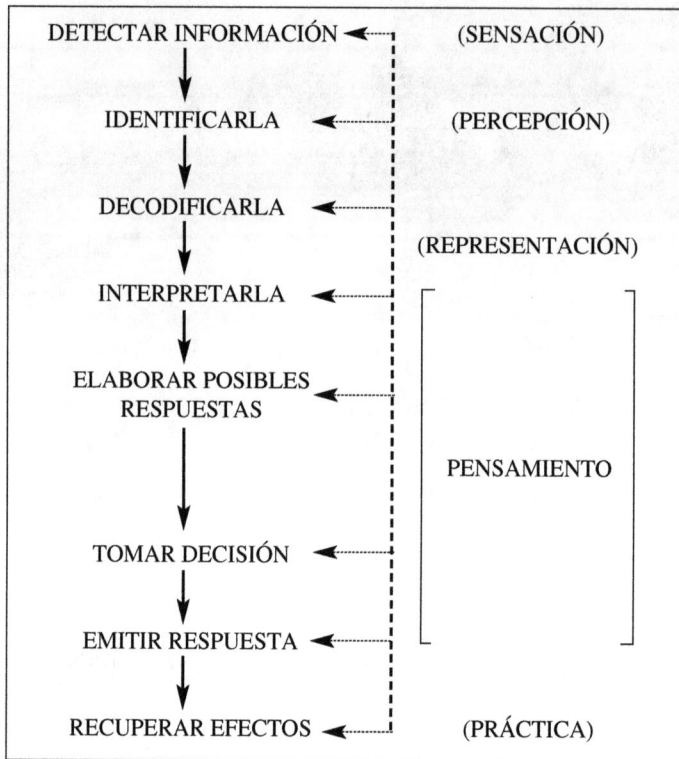

Fig. 8.2 Proceso esquematizado de una operación mental

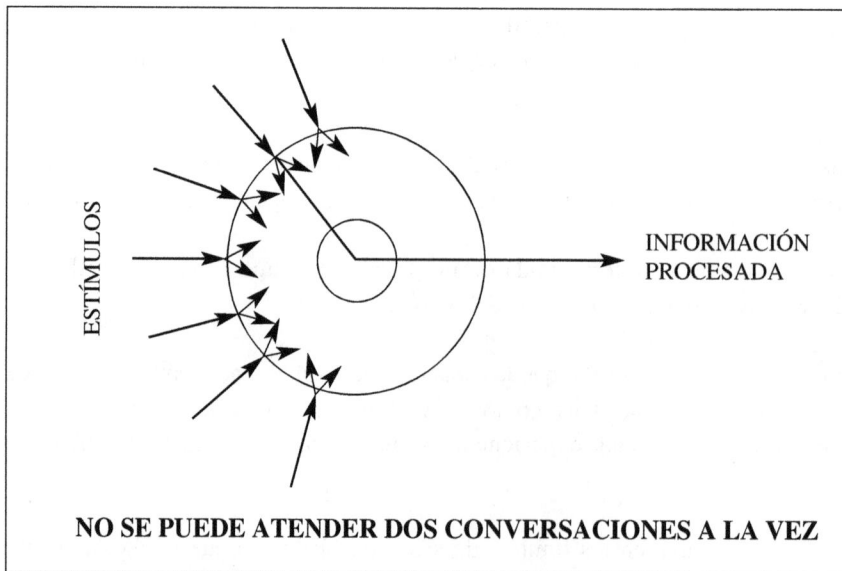

Fig. 8.3 Recepción simultánea de estímulos de la misma naturaleza

Fatiga mental y actividad

Podemos clasificar la fatiga en dos categorías. En primer lugar aparece un tipo de fatiga como una reacción homeostática dirigida a conseguir una adaptación con el medio ambiente. En este caso el organismo buscará el reposo como medio de recuperación del equilibrio. El reposo en el trabajo se puede obtener, aparte de suprimiendo la actividad, mediante el cambio de la misma, o sea, con la rotación de tareas, ubicando al operario en otro puesto con menos requerimientos.

El principal síntoma de este tipo de fatiga es una reducción del rendimiento de la actividad y un aumento de los errores que se debe, entre otros factores, a la disminución de la atención, la enlentización del pensamiento y a una falta de motivación (todos ellos auténticos peligros para el trabajador y para el propio sistema H-M, ya que si su nivel de activación baja, bajará la calidad y la cantidad de la producción). Fisiológicamente hablando se da una disminución del arousal o grado de activación del organismo del operario.

FATIGA MENTAL

1. Dispersión de la atención (disociación, desconcentración).

2. Disminución de la percepción y de la interpretación de las sensaciones (elevación de los umbrales sensoriales).

3. Disminución de la capacidad de observación y de juicio. Lentitud en el proceso del pensamiento. Aumento de los tiempos de reacción.

4. Dificultades crecientes en la expresión clara y metódica, oral y escrita (descoordinación entre el pensamiento y el lenguaje).

5. Disminución del rendimiento en el trabajo intelectual (tests, experimentos).

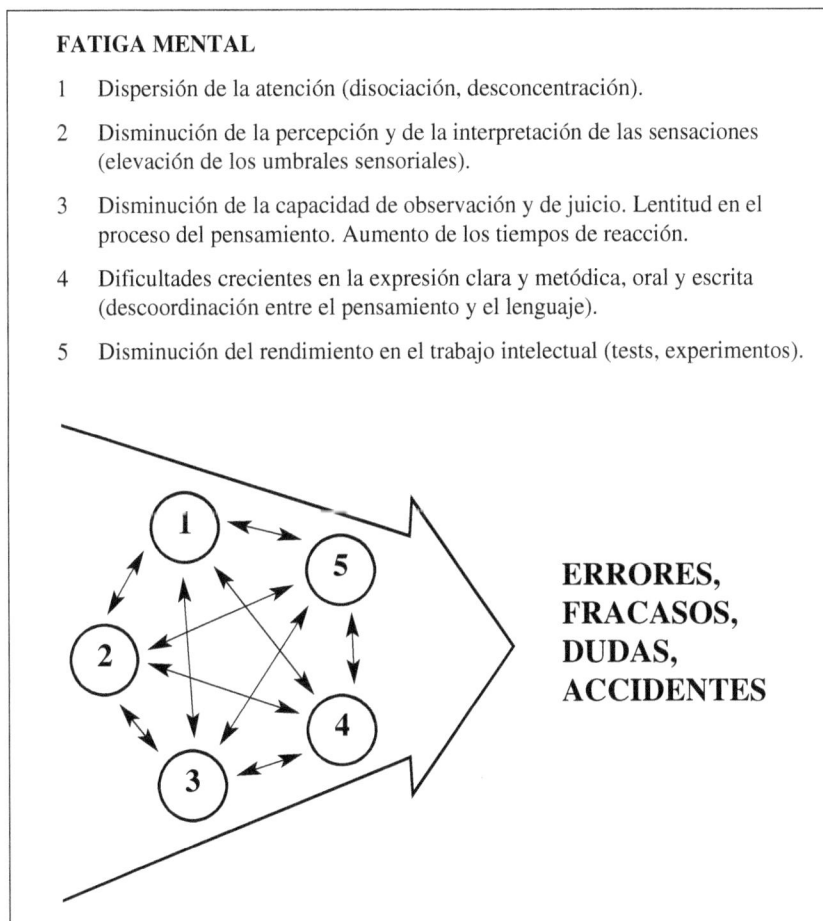

Fig. 8.4 Consecuencias de la fatiga mental

En segundo lugar, cuando una carga elevada de trabajo se va repitiendo durante largos períodos de tiempo por una mala cronometración, una disposición equivocada del nivel de exigencias de la tarea, una distribución errónea de las relaciones dimensionales del área de trabajo, un diseño equivocado de las relaciones informativas y de control, etc..., puede aparecer la fatiga crónica. Esta se da como resultado de un desequilibrio, durante un tiempo prolongado, entre la capacidad del organismo y el esfuerzo que debe realizar para dar respuesta a las necesidades del medio.

Sus principales síntomas no sólo se sienten durante o después del trabajo sino que se convierten en crónicos; entre ellos cabe destacar los siguientes (OIT, 1984): inestabilidad emocional, irritabilidad, ansiedad, estados depresivos, alteraciones del sueño, astenia, alteraciones psicosomáticas, alteraciones cardíacas, algias o dolores, dolores de cabeza, problemas digestivos, problemas sexuales, y llegar incluso a, según últimos estudios, intentos de suicidio.

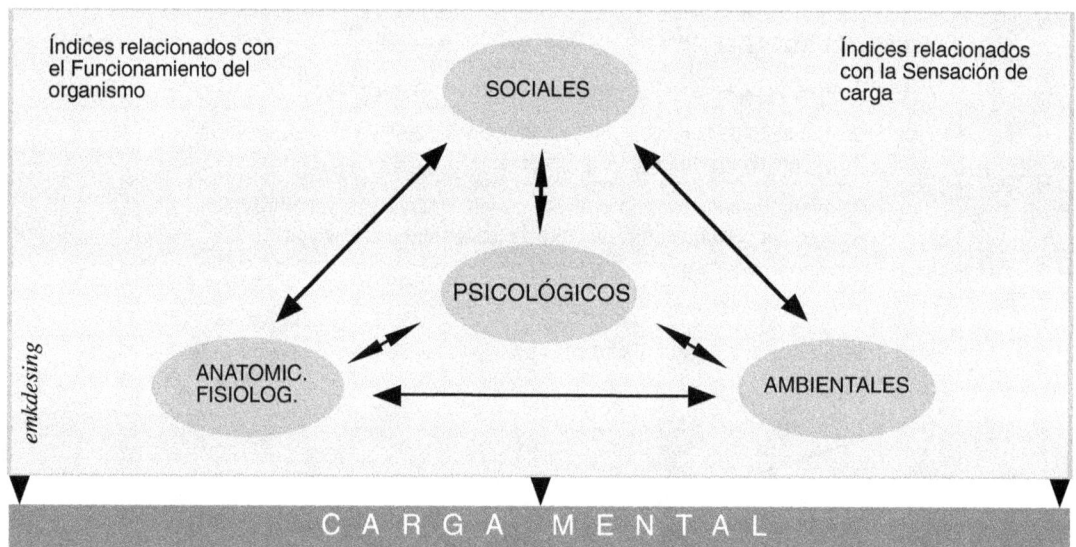

Fig. 8.5 Factores que intervienen en la carga mental.

Evaluación de la carga mental

Para poder evaluar convenientemente la carga mental de un puesto de trabajo debemos tener presentes dos tipos de indicadores:

i Los factores inherentes a la tarea

ii Su incidencia sobre el individuo.

Factores inherentes a la tarea

Existen diversos métodos objetivos para la evaluación de las condiciones de trabajo, que incluyen variables de carga mental. Señalamos a continuación tres de los métodos más utilizados en ergonomía.

El método diseñado por el Laboratorio de Economía y Sociología del Trabajo del CNRS de Aix-en-Provence (LEST 1974), evalúa la carga mental a partir de cuatro indicadores:

1   Apremio de tiempo
Determinado en trabajos repetitivos por la necesidad de seguir una cadencia impuesta, y en los trabajos no repetitivos por la necesidad de cumplir un cierto rendimiento.

2   Complejidad-rapidez
Esfuerzo de memorización, o número de elecciones a efectuar, relacionado con la velocidad con que debe emitirse la respuesta.

3   Atención
Nivel de concentración requerido y continuidad de este esfuerzo.

4   Minuciosidad
Se tiene en cuenta en trabajos de precisión como una forma especial de atención.

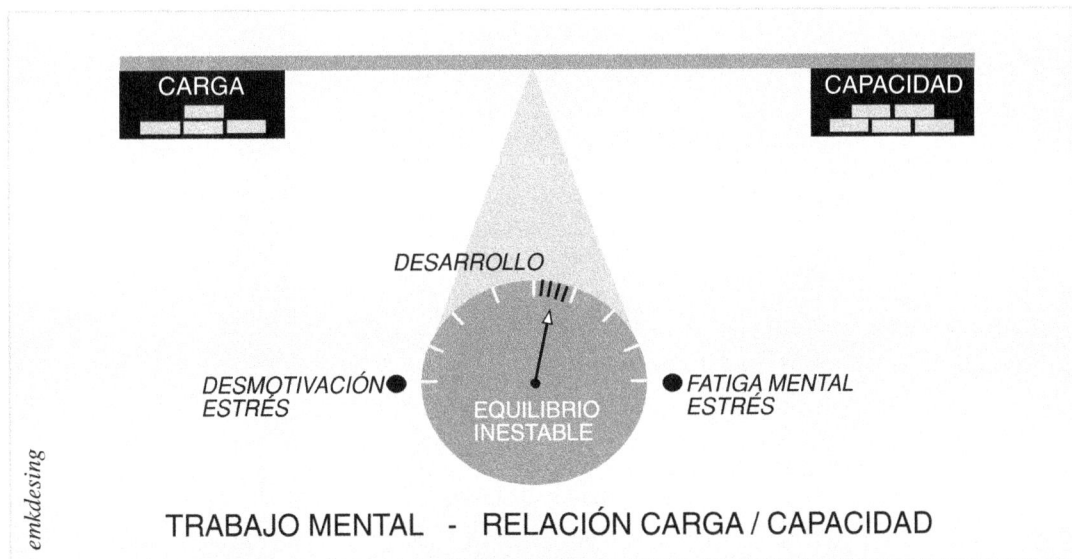

Fig. 8.6 Relación entre carga mental y capacidad mental

El método del perfil del puesto de RNUR (1976) utiliza el término "carga nerviosa", que define como 'las exigencias del sistema nervioso central durante la realización de una tarea" y que viene determinada por dos criterios:

1   Operaciones mentales
Entendidas como acciones no automatizadas en las que el trabajador elige conscientemente la respuesta.

2   Nivel de atención
Referido a tareas automatizadas que tienen en cuenta la duración de la atención, la precisión del trabajo y las incidencias (trabajo en cadena, ambiente, duración del ciclo).

Cuadro 8.1 Comparación entre diferentes métodos de evaluación de las condiciones de trabajo.

FACTORES A CONSIDERAR EN LA EVALUACIÓN DE CONDICIONES DE TRABAJO		
MÉTODO LEST	**MÉTODO RENUR**	**MÉTODO ERGOS**
A – AMBIENTE FÍSICO AMBIENTE TÉRMICO RUIDO ILUMINACIÓN VIBRACIONES	A – CONCEPCIÓN DEL PUESTO ALTURA Y ALEJAMIENTO DEL PUNTO DE OPERACIÓN ALIMENTACIÓN-EVACUACIÓN DE PIEZAS CONDICIONES DE ESPACIO MANDO Y SEÑALES	1 – CONFIGURACIÓN DEL PUESTO Y MICROCLIMA ESPACIO DE TRABAJO ILUMINACIÓN VENTILACIÓN
B – CARGA FÍSICA ESTÁTICA DINÁMICA	B – SEGURIDAD	TEMPERATURA RUIDO MOLESTO
C – CARGA MENTAL APREMIO TIEMPO NIVEL ATENCIÓN COMPLEJIDAD-RAPIDEZ MINUCIOSIDAD	C – ENTORNO FÍSICO AMBIENTE TÉRMICO AMBIENTE SONORO ILUMINACIÓN ARIFICAL VIBRACIONES HIGIENE ATMOSFÉRICA ASPECTO GENERAL	2 – CARGA FÍSICA CARGA ESTÁTICA CARGA DINÁMICA 3 – CARGA MENTAL
D – ASPECTOS PSICOSOCIOLÓGICOS INICIATIVA ESTATUS SOCIAL COMUNICACIONES RELACIONES CON EL MANDO	D – CARGA FÍSICA POSTURA ESFUERZO FÍSICO	PRESIÓN DE TIEMPOS ATENCIÓN COMPLEJIDAD MONOTONÍA INICIATIVA
E – TIEMPO DE TRABAJO CONFORMACIÓN DEL TIEMPO DE TRABAJO	E – CARGA NERVIOSA OPERACIONES MENTALES NIVEL DE ATENCIÓN	AISLAMIENTO HORARIO DE TRABAJO RELACIONES DEPENDIENTES
	F – AUTONOMÍA AUTONOMÍA INDIVIDUAL AUTONOMÍA DE GRUPO	4 – CONTAMINANTES QUÍMICOS 5 – AGENTES FÍSICOS
	G – RELACIONES INDEPENDIENTES DEL TRABAJO DEPENDIENTES DEL TRABAJO	RUIDOS VIBRACIONES ILUMINACIÓN ESTRES TÉRMICO
	H – REPETITIVIDAD	6 – SEGURIDAD
	I – CONTENIDO DEL TRABAJO POTENCIAL RESPONSABILIDAD INTERÉS	

El método elaborado por la Agencia Nacional para la Mejora de las Condiciones de Trabajo (ANACT, 1984) no define el concepto de carga mental o nerviosa de una manera específica, pero en el apartado "Puesto de trabajo" incluye entre otras las variables "rapidez de ejecución" y "nivel de atención".

Además de la valoración de la carga mental que incluyen estos métodos globales de evaluación de las condiciones de trabajo, en los que se considera como una variable más, actualmente existen escalas específicas para la valoración de la carga mental validadas experimentalmente, con un alto grado de fiabilidad.

Estas escalas se basan en la presentación de unas preguntas-filtro al sujeto de tal manera que cada pregunta determina la siguiente. Suelen presentarse en forma de árbol lógico, señalándose en las instrucciones la necesidad de seguir ordenadamente la secuencia para que el resultado obtenido sea reflejo de la realidad.

A partir de una escala creada por Cooper y Harper (1969) para valorar la carga mental en sistemas de control manual, Skipper (1986) ha realizado un estudio experimental introduciendo modificaciones que permiten aplicar el método a distintas áreas de actividad, lo que evita el escollo que plantean la mayoría de las metodologías de evaluación de condiciones de trabajo, ya que estas se ciñen, casi exclusivamente, a trabajos repetitivos.

Incidencias sobre el individuo

Los indicadores de carga mental que utilizan los distintos métodos de evaluación se han determinado experimentalmente sobre la base a las reacciones del individuo frente a un exceso de carga, es decir, considerando las alteraciones fisiológicas, psicológicas y del comportamiento resultante de la fatiga.

Estos métodos de valoración son complementarios entre sí, dado que ninguna medida es válida por sí sola para evaluar la carga mental, por lo que la utilización de varios de ellos y la comparación de los resultados obtenidos es la mejor manera de aproximarnos a una evaluación satisfactoria.

Sistemas de medición de los síntomas psicológicos y psicosomáticos

La definición de salud mental y la forma en que ésta se mide es muy variable. Pero, como acercamiento a un sistema de clasificación utilizado frecuentemente, se tienen en consideración tanto indicadores de los aspectos positivos de la salud mental como de los trastornos que pueden afectarla (Kasl, 1973) (Cuadro 8.2).

Cuadro 8.2 Evaluación de la carga de trabajo mental y orientación del valor de referencia.

```
EVALUACIÓN DE LA CARGA DE TRABAJO MENTAL

■ FRECUENCIA CARDÍACA (FC)  ◆
■ VARIACIÓN DE LA FRECUENCIA CARDÍACA (FC)  ▼
■ FRECUENCIA RESPIRATORIA  ◆
■ RESISTENCIA GALVÁNICA CUTÁNEA (RGC)  ▼
■ UMBRAL DE DISCRIMINACIÓN TÁCTIL (UDT)  ◆
■ FRECUENCIA CRÍTICA DE FUSIÓN (FCF)  ◆
■ TIEMPO DE REACCIÓN (TR)  ◆
■ PRUEBAS PSICOLÓGICAS
■ ERRORES  ◆
■ CALIDAD DE TRABAJO  ▼
■ PRODUCTIVIDAD  ▼
■ OTROS
```

La salud mental se puede evaluar (Asua y otros, 1989), en primer lugar, según el índice de eficiencia funcional. La idea básica es considerar la salud y la correspondencia entre las relaciones sociales y las funciones institucionales que desarrolla el individuo; otras características de la salud mental se reflejan en los índices de bienestar (OIT, 1984) los estados afectivos y las diversas esferas de satisfacción; una tercera manifestación reflejaría los índices de dominio de sí y de competencia (Amiel,1985).; y por último una categoría no prevista, en situaciones laborales, sería la de los signos y síntomas psiquiátricos.

FUENTES DE ESTRÉS	**SÍNTOMAS DE ESTRÉS**
PROPIAS DEL TRABAJO	INDIVIDUO
ROL EN LA EMPRESA	■ Cardiopatías coronarias
RELACIONES TRABAJO	■ Enfermedades mentales
PERSPECTIVAS PROMOCIÓN	....
CLIMA LABORAL	ORANIZACIÓN
ORGANIZACIÓN LABORAL	■ Huelgas prolongadas
INTERRELACIÓN	■ Accidentes frecuentes y graves
FAMILIA ◄──► TRABAJO	■ Apatía
	■ Baja calidad productos

Fig. 8.7 Fuentes y síntomas de estrés para el individuo y para la organización.

Los sistemas utilizados en la medición de la carga mental suelen apoyarse en cuestionarios que comprenden escalas compuestas de títulos múltiples, en los que cada uno mide uno de los tipos de síntomas: ansiedad, irritabilidad, frustración, preocupación, depresión, distracción, incapacidad para concentrarse, dificultad de la persona para dominar su agresividad y otras reacciones emotivas, etc...

También se utilizan escalas sobre el estado anímico para medir las reacciones emotivas inmediatas, generalmente al término de la jornada de trabajo. Los síntomas relativos a trastornos del sueño, aumento de la pasividad, etc..., aparecen reflejados en las escalas de evaluación y análisis de las condiciones de trabajo (Chau, 1986).

Por otro lado, los trastornos funcionales que determinan principalmente las alteraciones neurovegetativas y hormonales causadas por el estrés se incluyen en las escalas de síntomas psicosomáticos: dolores de cabeza, dolores en la nuca y los hombros, algias, vértigos, mareos, sudoración abundante, temblores de las manos, dolores y trastornos funcionales del estómago y palpitaciones cardiacas.

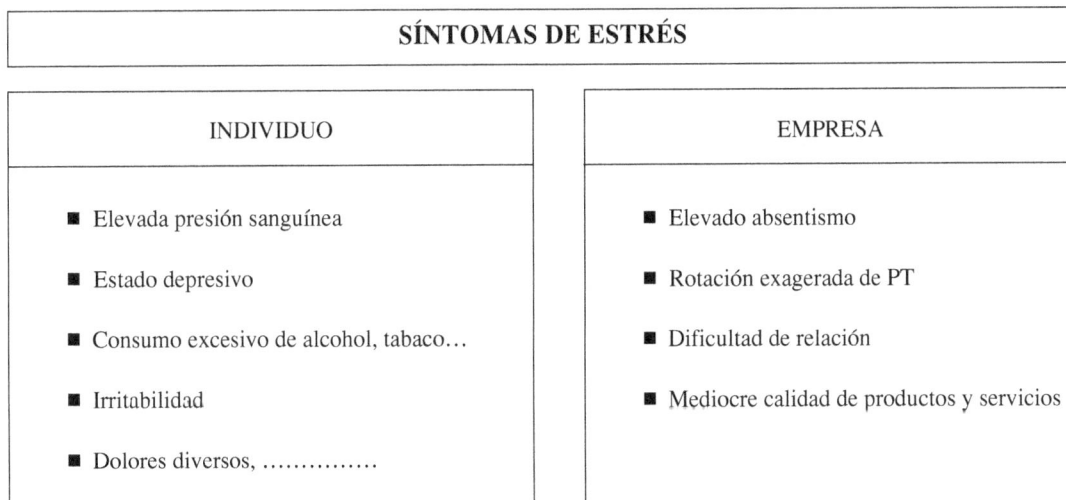

SÍNTOMAS DE ESTRÉS	
INDIVIDUO	EMPRESA
■ Elevada presión sanguínea ■ Estado depresivo ■ Consumo excesivo de alcohol, tabaco… ■ Irritabilidad ■ Dolores diversos, ……………	■ Elevado absentismo ■ Rotación exagerada de PT ■ Dificultad de relación ■ Mediocre calidad de productos y servicios

Fig. 8.8 Transtornos para el individuo y para la empresa.

Se han preparado varias técnicas de entrevistas y de cuestionarios para medir los diversos tipos de riesgos para la salud originados por el trabajo (OIT,1984). La versión modificada por la OMS del cuestionario general sobre la salud (General Health Questionaire -GHQ-) elaborado inicialmente por Goldberg (1974), parece ser un instrumento fiable en la materia, ya que permite obtener resultados en los que no influyen excesivamente diferencias culturales en la expresión de los trastornos emotivos causados por el estrés en el trabajo mental. El desarrollo armonioso de la personalidad y la realización de la persona, los recursos de adaptación del individuo y la capacidad para alcanzar los objetivos a los que se atribuye un valor, son características incluidas en esta categoría.

Finalmente, los indicios y los síntomas psiquiátricos constituyen una cuarta categoría de indicadores de la salud mental. Esta categoría, que Kasl considera como residual, comprende datos que no figuran en las otras tres y que tienen un significado clínico.

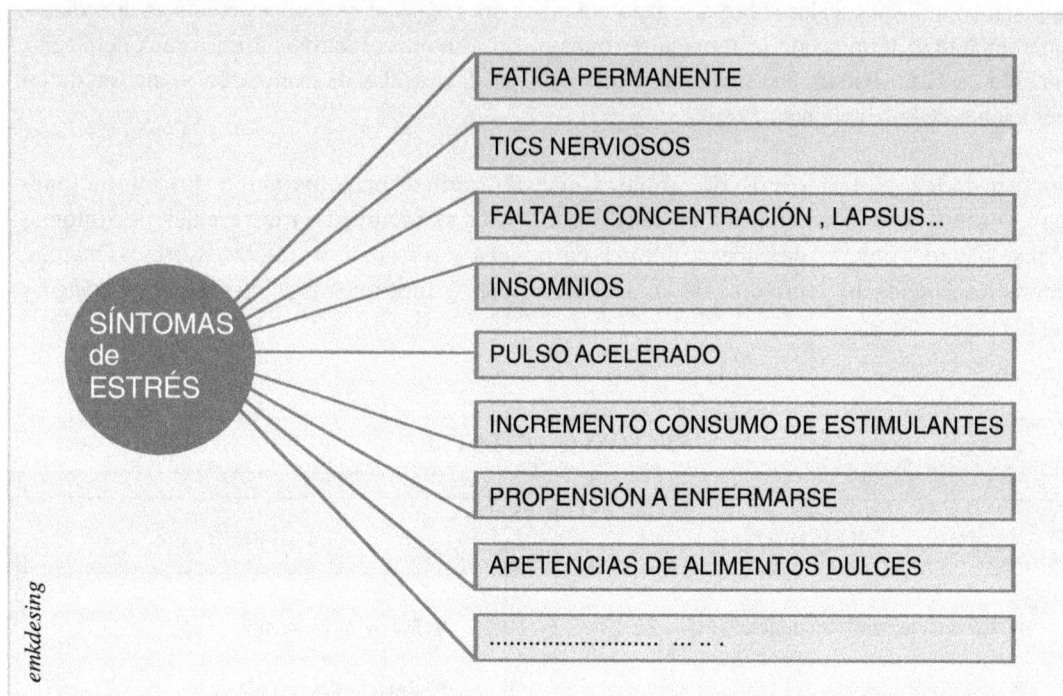

Fig. 8.9 Síntomas de estrés

Medición de las manifestaciones psicofisiológicas

Las reacciones fisiológicas respecto de las cuales se ha demostrado que son sensibles a la carga mental y a las presiones psicosociales del medio ambiente de trabajo son, en general, el sistema cardiovascular, la actividad eléctrica del cerebro, los músculos, la piel, el sistema tractogastrointestinal, la actividad sexual, la temperatura, la dilatación de la pupila del ojo y el sistema neuroendocrino (Wilkins, 1982; Hurrell y otros, 1988).

Los indicadores fisiológicos pueden ser utilizados siempre que se tengan en cuenta sus limitaciones y nunca un sólo indicador, sino tres o más, con el objetivo de compararlos entre sí para tener fiabilidad del resultado (Cuadro 8.2).

Presión sanguínea

La presión sanguínea es un indicador corriente y eficaz del estrés. El valor conceptual de esta medición se debe a la teoría fisiológica que establece una relación entre las variaciones de esta presión y la secreción de hormonas hipofisarias y suprarrenales en período de estrés.

La presión sanguínea es un concepto normalizado en cuanto a los valores básicos que se esperan obtener. Sin embargo, se desconoce hasta qué punto leves pero continuos aumentos de la presión arterial pueden repercutir a la larga en la salud.

El ritmo cardíaco y la arritmia sinusal

El ritmo cardíaco es uno de los indicadores fisiológicos periféricos de la carga de trabajo y del estrés mental que se mide con mayor frecuencia y que reacciona frente un número elevado de agentes estresantes, como el ruido, el calor, el trabajo físico, las emociones, etc... con lo cual pueden enmascararse los resultados.
Aunque la medida habitual sea solamente el ritmo cardíaco, el intervalo entre las pulsaciones también puede ser un buen indicador, más potente incluso, de la medida de estrés agudo; el intervalo de tiempo entre los latidos del corazón no es constante; se ha comprobado (Boyce, 1974; Viña y Gregori, 1987) que la variabilidad del ritmo cardíaco, en especial la arritmia sinusal, disminuye cuando la carga de trabajo aumenta; la intensidad de la carga mental reduce la variabilidad de la frecuencia cardíaca.

Las hormonas suprarrenales

Han transcurrido más de cincuenta años desde que se publicaron los primeros resultados de investigaciones sobre la activación de las glándulas médulosuprarrenal y córticosuprarrenal en situaciones de estrés. Desde entonces se han publicado varios estudios sobre ciertos indicadores bioquímicos del estrés, realizados, ya sea, con animales en laboratorio, o con personas, en diversas situaciones de la vida real.

Con técnicas de alta sensibilidad tales como: espectrofotometría, fluorometría, cromatografía, método de los radioisótopos y método de las radioenzimas se han detectado los indicadores bioquímicos del estrés en los tejidos y los humores. La aplicación de técnicas fluoroscópicas e inmunológicas ha permitido poner de manifiesto las funciones noradrenérgica, dopaminérgica y adrenérgica del cerebro.

Los progresos recientes de la neurobiología se basan en el descubrimiento de muchos otros agentes de transmisión, como los ácidos aminados y los neuropéptidos, que también intervienen en la reacción al estrés.

Los análisis hormonales de muestras de orina o de sangre, recogidos a menudo en cortos intervalos y en diferentes horas del día, constituyen un método corriente en las investigaciones sobre el estrés de origen profesional.

Si bien la secreción de neurohormonas es relativamente homogénea en una muestra de población, las reacciones pueden variar considerablemente según la persona, el sexo y la edad.

Actividad electrodérmica

La actividad electrodérmica de la piel es un indicador válido del estrés, puesto que aumenta en general cuando el estrés aumenta; la resistencia eléctrica de la piel disminuye con la sudoración que provoca el estado emocional de la persona, puede reflejar tanto los efectos específicos del estrés como la propia reacción al estrés, ante una carga de trabajo mental determinada.
El valor de base puede depender considerablemente de la distancia entre los electrodos. Por esta razón las variaciones de reacción galvánica de la piel en una misma persona constituyen la medida más fiable.

Por otro lado, hay que tener en cuenta que la resistencia galvánica disminuye frente a agentes estresantes muy diversos, como por ejemplo el calor, el dolor, la aprensión respecto de un estímulo doloroso esperado, etc.

Frecuencia crítica de fusión (FCF)

El método consiste en determinar cuándo un estímulo luminoso intermitente se percibe como un estímulo continuo. Este fenómeno perceptivo visual, según el cual llega un momento en que el observador no puede percibir el centelleo, ya que las chispas luminosas "se disuelven" y se confunden dando la sensación de luz estable y continua, este umbral en que la luz parece ser continua, se designa como FCF.

Los principales factores que causan el desplazamiento del umbral de fusión en una persona son la atención, el estado de alerta, la excitación y la fatiga. Generalmente, la FCF aumenta con la carga de trabajo mental.

Umbral de discriminación táctil (UDT)

Consiste en encontrar la distancia máxima en la que dos estimulaciones táctiles simultáneas se perciben como una sola señal. El UDT depende de la zona del cuerpo analizada, ya que el número y la separación entre receptores táctiles varía en función de las áreas del cuerpo.

Después de un trabajo mental prolongado la separación de los dos estímulos debe ser mayor para poder ser detectados por separado, o sea, el umbral se eleva.

Electroencefalograma (EEG)

La investigación empírica no ha demostrado en general, la relación entre el estrés y el EEG, pero se ha establecido que la intervención de determinados agentes estresantes provoca un bloqueo del ritmo alfa. Podemos considerar el EEG fiable como indicador del estado de excitación. Por esta razón también se puede utilizar como indicador de la carga de trabajo.

Funciones gastrointestinales

Raras veces se mide la actividad gastrointestinal en situaciones de trabajo, pero puede ofrecer ciertas posibilidades de investigación en lo que se refiere al estrés y al desarrollo de las úlceras.

Factores inherentes a la tarea

Para encontrar las características del trabajo, en tanto a qué factores son nefastos o favorables para la salud, se aplican esencialmente tres tipos de métodos:

i   Analizar el trabajo por técnicas de observación directa, mediciones y análisis teóricos (análisis de tareas).

ii Pasar cuestionarios y entrevistas sobre la opinión de los trabajadores respecto a sus condiciones de trabajo.

iii Simulación y modelaje de actuaciones de actividad.

Finalmente se ha discutido ampliamente sobre cuál de éstos métodos debería aplicarse. En primer lugar, cada uno de ellos presenta ventajas e inconvenientes.
Gracias a la técnica de descripción de las tareas por peritos pueden obtenerse datos sobre las condiciones de trabajo de manera objetiva, mientras que el cuestionario permite obtener datos sobre la forma en que los trabajadores perciben las condiciones de trabajo; y la simulación y el modelaje posibilita prever errores, conductas arraigadas, y separar "lo que se hace" de lo que "se debería hacer" y de lo que se reporta como "lo que se ha hecho".

Las reacciones de comportamiento: El rendimiento en el trabajo

La disminución del rendimiento del trabajador es una de las consecuencias del estrés profesional que suscita la mayor preocupación por parte de los organizadores del trabajo.

El modelo que describe la eficacia del rendimiento como una función en forma de "U invertida" del estrés es el que más aceptación obtiene (Welford, 1973). Ello significa que el rendimiento es óptimo cuando el estrés es moderado y que disminuye cuando el nivel del estrés es muy elevado o muy bajo.

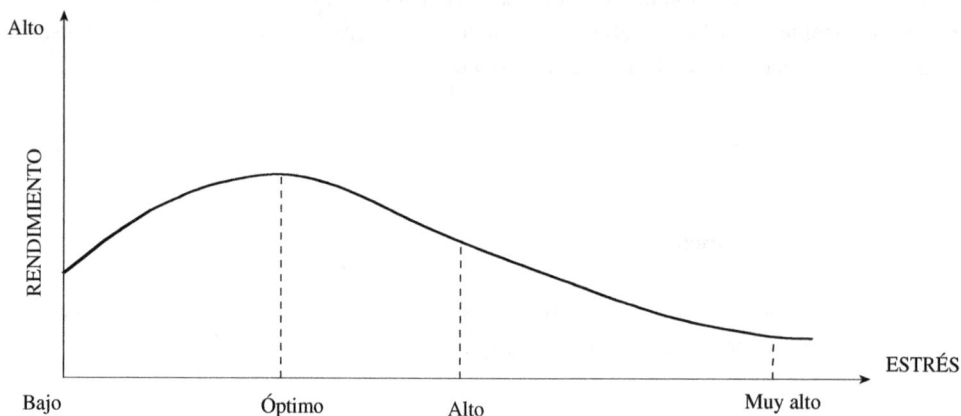

Fig. 8.10 Curva de Weldford que relaciona rendimiento y estrés.

En condiciones de carga de trabajo y de estrés inapropiadas, los sujetos modifican a veces su comportamiento, olvidando, por ejemplo, los problemas secundarios y concentrándose únicamente en la tarea principal, lo que puede desembocar en un accidente, una catástrofe, o cualquier otra disfunción del sistema.
La eficacia de una estrategia dada para controlar la sobrecarga de trabajo y reducir el nivel de estrés generado por una tarea depende de las posibilidades de ejecución en el medio de trabajo y del dominio del operador para controlar la situación (Bainbridge, 1974).

Una investigación en la industria textil (Hacker y colab.1973) ha demostrado que la elección de una estrategia apropiada influía en la productividad y en el estrés de los tejedores. Se eligió a trabajadores de productividad elevada y baja; las estrategias adoptadas por los tejedores más productivos fueron más eficaces que las de los menos productivos. La estrategia común a los primeros consistía en prever y prevenir las averías, para dedicar menos tiempo a los trabajos de reparación y revisión. Como los dos grupos se esforzaban por adaptarse a las mismas exigencias de producción, la carga de trabajo de los tejedores menos productivos resultó mayor al final de la jornada y, tras efectuar varias mediciones, resultaba que el grado de estrés a que estaban sometidos era más elevado. Cuando se enseñó a los tejedores menos productivos una estrategia más previsora, el rendimiento mejoró y el estrés disminuyó.

Prevención de la fatiga mental

Las repercusiones de una carga física demasiado elevada sobre el organismo pueden ser demostradas y cuantificadas con bastante exactitud, y a partir de ahí se pueden definir límites de tolerancia; con la carga mental no ocurre lo mismo. Aunque se conocen las consecuencias patógenas de algunos trabajos que exigen una atención sostenida, no es posible, por el momento, establecer unos umbrales máximos universales para evitar llegar a situaciones extremas.

Las acciones a desarrollar deben basarse en el "sentido común" y están directamente relacionadas con la organización del trabajo. Aunque no se pueden dictar normas al respecto sí podemos citar una serie de factores sobre lo que se puede actuar con el fin de evitar la fatiga:

1. - Cantidad y complejidad de la información recibida.

2. - Calidad de esta información: tipos de señales.

3.- Transcendencia de las actuaciones.

4. - Ritmo normal de trabajo para una persona formada.

5. - Ritmo individual de trabajo.

6. - Confort ambiental del puesto.

7.- Recuperación de las informaciones sobre el impacto de las actuaciones

Si, a pesar de incidir en estos aspectos, el puesto conlleva una carga mental elevada, es necesario entonces recurrir al establecimiento de pausas que permitan la recuperación (Fig. 8.11). Pueden emplearse también, con el fin de evitar una carga mental elevada y continuada, sistemas organizativos de la producción tales como: una rotación de tareas que favorezcan la alternancia con otros tipos de actividades que requieran una menor esfuerzo mental, el enriquecimiento de tareas que permitan al operario un muestrario mayor de conductas con unos niveles de carga mental muy diferentes, la ampliación de tareas, etc... .

La flexibilidad del horario laboral se ha apuntado a veces como otra solución para tareas con alto contenido de carga mental, pero flexibilidad es un término ambiguo. Esta flexibilidad, ya sea del tiempo de trabajo o del tiempo de funcionamiento de la máquina, desde el punto de vista que nos preocupa, ha de suponer un aumento de la autonomía del trabajador que debe casar con los niveles de productividad adecuados.

Si lo consideramos desde esta perspectiva la flexibilidad horaria es, en muchos casos, una aspiración del trabajador para adecuar mejor su tiempo de trabajo a la satisfacción de sus necesidades personales y sociales, y evidentemente repercute positivamente en su carga mental, al reducir, al menos, componentes extraprofesionales que saturaban su carga mental.

Además, en algunas ocasiones, esta flexibilidad también supone para la organización una mejor adecuación a las demandas del mercado, a las variaciones estacionales, etc.

TRABAJO MENTAL	→	ESTRÉS	→	ESTRÉS SOSTENIDO	→	DIFICULTADES
TRABAJO MENTAL	→	ESTRÉS	→	DESCANSO	→	DESARROLLO

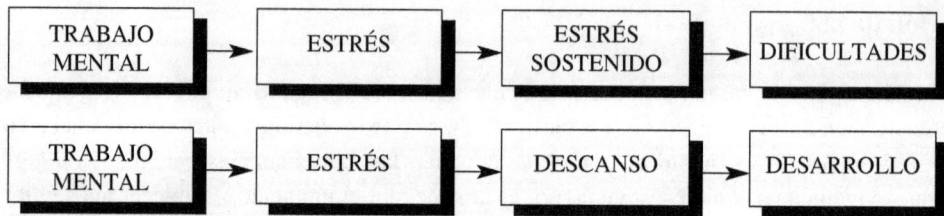

ESTRÉS SOSTENIDO
- Enfermedades cardiovasculares
- Accidentes cerebrovasculares
- Úlceras
- Cáncer
- Asma
- Neurosis
- Ansiedad
- Depresión, inapetencia sexual e impotencia
- Disminuyen: creatividad, iniciativa, originalidad, poder de abstracción, atención, concentración, capacidad de análisis y síntesis, rendimiento.
- Dificultades de comunicación con el prójimo
- Errores, accidentes, suicidios

Fig. 8.11 El estrés como catalizador de dificultades o del desarrollo intelectual.

Roles de los trabajadores

Cuando la función atribuida al trabajador es ambigua (por falta de claridad del contenido de la tarea), cuando es contradictoria o cuando hay oposición entre las diferentes exigencias del trabajo, cuando es conflictiva (cuando hay conflictos de competencia), esta función contradictoria genera problemas de estrés.

La delimitación clara y expedita de los roles a desarrollar por los operarios en las organizaciones es un seguro para mantener un nivel de estrés adecuado.

Relaciones en el medio de trabajo

Existe una clara relación entre estrés profesional y las relaciones del trabajador con sus compañeros, sus superiores y sus subordinados, y el apoyo social que le prestan los mismos.

Unos flujos comunicativos en que la repartición de las funciones es ambigua aceleran el deterioro de las relaciones entre sus miembros, con lo que se crean riesgos de tensiones psicológicas que revisten la forma de insatisfacción en el trabajo. Las tensiones en el trabajo se atenúan cuando el operario se siente apoyado socialmente por sus compañeros y jefes y sus funciones están claramente definidas; este factor también interviene en los efectos del estrés profesional.

Resumiendo

Las variables que configuan el nivel de carga mental que ha de soportar el trabajador en situaciones laborales es un complejo cúmulo de interacciones entre múltilples factores laborales y extraprofesionales; y el control exhaustivo de uno (o algunos) de ellos, no es garante de una situación óptima de carga mental.

Por otro lado, dentro de los factores que configuran las condiciones de trabajo, se cobijan:

i   Las condiciones materiales en lo que concierne a la seguridad, la higiene, y el ambiente de trabajo.

ii   Los aspectos organizativos: exigencias del trabajo, descripción de la tarea, la organización y la gestión, la carrera profesional, el clima laboral... .

iii   La duración del trabajo y la organización de los horarios, pausas, ritmos, turnos, días festivos, vacaciones, etc... .

iv   Los sistemas de retribución (sueldos, salarios por incentivos, promoción, salario en especies...).

v   La formación profesional continuada

vi   El entorno en que está ubicada la empresa, el tipo de transporte, el alojamiento...

vii   Los condicionantes geopolíticos, la cultura, la religión, la ideología, etc... .

Para lograr obtener una situación de equilibrio y bienestar entre los requerimientos del trabajo y las posibilidades de actuación de las personas, debemos considerar y analizar el monto de restricciones que todo operario aporta al sistema de trabajo, a fin y efecto de encontrar soluciones susceptibles de reducir las discrepancias entre las capacidades de acción y los objetivos de las personas, y las exigencias de los sistemas, y es ahí donde la ergonomía se convierte en la ciencia aplicada idónea para mejorar las condiciones de trabajo y por simpatía la productividad de las empresas y organizaciones.

Anexo

Tabla de conversiones

Multiplique	*por*	*para obtener*
	Longitud	
angstrom	$1,000 \cdot 10^{-10}$	metro
micrómetro	$1,000 \cdot 10^{-6}$	metro
pulgada	$2,540 \cdot 10$	milímetro
pie	$3,048 \cdot 10^{-1}$	metro
metro	$3,28$	pie
milla	$1,609$	kilómetro
año luz	$9,461 \cdot 10^{15}$	metro
	Área	
pie cuadrado	$9,290 \cdot 10^{-2}$	metro cuadrado
pulgada cuadrada	$6,452 \cdot 10^{-4}$	metro cuadrado
	Volumen	
pie cúbico	$2,832 \cdot 10^{-2}$	metro cúbico
galón (EUA)	$3,785 \cdot 10^{-3}$	metro cúbico
	Fuerza	
dina	$1,000 \cdot 10^{-5}$	newton
kilogramo (fuerza)	$9,807$	newton
onza (fuerza)	$2,780 \cdot 10^{-1}$	newton
libra (fuerza)	$4,448$	newton

Presión

atmósfera (normal)	$1,013 \cdot 10^5$	pascal
bar	$1,000 \cdot 10^5$	pascal
pulgada de H2O (4ºC)	$2,491 \cdot 10^2$	pascal
mm de Hg (0ºC)	$1,333 \cdot 10^2$	pascal
libra/pie cuadrado	$4,788 \cdot 10$	pascal
libra/pulgada cuadrada	$6,895 \cdot 10^3$	pascal

Velocidad

pie/minuto	$5,080 \cdot 10^{-3}$	metro por segundo
pie/segundo	$3,048 \cdot 10^{-1}$	metro por segundo
nudo	$5,144 \cdot 10^{-1}$	metro por segundo
milla/hora	$4,470 \cdot 10^{-1}$	metro por segundo

Aceleración

gravedad	$9,807$	m/s^2

Ángulos

ciclos (360°)	$6,283$	radián
grado sexagesimal	$1,745 \cdot 10^{-2}$	radián
hertz	$6,283$	radián por segundo
rpm	$1,047 \cdot 10^{-1}$	radián por segundo

Energía

Btu	$1,055 \cdot 10^3$	joule
kilocaloría	$4,187 \cdot 10^3$	joule
erg	$1,000 \cdot 10^{-7}$	joule
watt-hora	$3,600 \cdot 10^3$	joule
kilocaloría	$3,968$	Btu
kilocaloría	$4,268\ 5 \cdot 10^2$	kilopond-metro
joule	$2,388\ 9 \cdot 10^{-4}$	kilocaloría
joule	$9,480\ 5 \cdot 10^{-4}$	Btu
kilogramo · metro	$2,342\ 7 \cdot 10^3$	kilocaloría
kilogramo · metro	$9,296\ 7 \cdot 10^3$	Btu
kilogramo · metro	$9,806\ 6$	joule

Potencia

Btu por hora	$2,931 \cdot 10^{-1}$	watt
HP	$7,460 \cdot 10^{2}$	watt
kcal/s	$4,187 \cdot 10^{3}$	watt
erg/s	$1,000 \cdot 10^{-7}$	watt
watt	$3,413 \ 04$	Btu por hora
watt	$1,433 \cdot 10^{-2}$	kcal/min
watt	$6,120$	kp-m/min
kcal/min	$69,767$	watt

Temperatura

Celsius a kelvin	$K = {}^{\circ}C + 273,15$
Fahrenheit a Celsius	${}^{\circ}C = ({}^{\circ}F - 32) / 1,8$
Fahrenheit a kelvin	$K = ({}^{\circ}F + 459,67) / 1,8$
Rankine a kelvin	$K = {}^{\circ}R/1,8$

Bibliografía

General y fundamental

AFNOR. *Ergonomie*. París, France. Afnor, 1991.

UNIV. SURREY, *Applied Ergonomics Handbook*. England: IPC Science and Technology Press, Ltd., 1977.

COMMUNITY ERGONOMICS ACTION. *Ergonomics Glossary*. Luxembourg: CECA, 1982

BAILEY, R. *Human Performance Engineering*. Prentice Hall. New Jersey. 1989.

EASTMAN KODAK COMPANY, HUMAN FACTORS SECTION. *Ergonomic Design for People at Work*, Volumen 1-2. Belmont, CA: Lifelong Learning Publications, 1983.

GRANDJEAN, E. *Fitting the Task to the Man*. Taylor & Francis. London 1988.

HUCHINGSON, R.D. *New Horizons for Human Factors in Design*. New York: McGraw-Hill Book Company. 1981.

McCORMICK, E.J. and SANDERS, M.S. *Human Factors in Engineering and Design*. 5th Edition. New York: McGraw-Hill Book Company, 1982.

MITAL, A. *Trends in Ergonomics*. Amsterdam. Elsevier, 1984

MURELL, K.F. *Man in his working environement. Ergonomic*. London: Taylor & Francis, 1971.

OBORNE, D.J. *Ergonomics at Work*. New York: John Wiley and Sons, 1982.

SINGLETON, W.T. *Introduction to Ergonomics*. Geneva: World Health Organization, 1972.

TALAMO, L. *L'uomo e l'ambiente di lavoro*. Milano: Tamborini. 1972

TICHAUER, E.R. *The Biomechanical Basis of Ergonomics*. New York: Wiley-Interscience, 1978.

UAW-Ford. *Implementation Guide. Fitting jobs to people*. UAWFord National Joint Committee on Helth and Safety.

U.S. DEPARTAMENTE OF DEFENSE. *Human Engineering Design Criteria for Military Systems, Equipment and Facilities*. MIL-STD-1472C, Washington, DC, 1981.

WICKENS, C. *Engineering Psychology and Human Performance*. Scott, foreman and Company. Illinois.

WILSON, J.R & CORLETT, E.N. *Evaluation of human work: A practical ergonomics methodology*. London. Taylor & Francis, 1990.

WOODSO, W.E. *Human Factors Design Handbook*. New York: McGraw-Hill Book Company, 1981.

En español

AGUILA, F.J. *Ergonomía en odontología*. Barcelona: JIMS, 1991

CASTILLO, J.J (recopila). *La ergonomía en la introducción de nuevas tecnologías en la empresa*. Madrid: Ministerio Trabajo y Seguridad Social, 1989

CAZAMIAN, P. *Tratado de Ergonomía*. Madrid: Octarés, 1986.

FAGOR. *Método de evaluación de las Condiciones de Trabajo*. Navarra: FAGOR, 1986.

FDEZ. DE PINEDO. *Ergonomía: Condiciones de Trabajo y calidad de vida*. INSHT, 1987.

FDEZ. DE PINEDO. *Curso de Ergonomía*. INSHT, 1987.

GONZALEZ, S. *La ergonomía y el ordenador*. Barcelona: MarcomboBoixareu, 1990.

GUÉLAUD, F et altrs. *Para un análisis de las Condiciones de Trabajo (LEST)*. Buenos Aires:

KELLERMANN, F. et altrs. *Manual de Ergonomía: estudios para mejorar el rendimiento industrial*. Barcelona: Paraninfo, 1967.

LEHMANN, G. *Fisiología práctica del trabajo*. Aguilar. Madrid 1960

LEPLANT, J. *La psicología ergonómica*. Barcelona: Oikos-tau, 1985.

LOMOV, B. VENDA,V. *La interrelación Hombre-Máquina en los sistemas de información*. Moscú: Edit. Progreso, 1983.

McCORMICK, E.J. *Ergonomía*. Barcelona: Gustavo Gili, 1980.

MONT MOLLIN, M. *Introducción a la ergonomía*. Aguilar, Madrid, 1970.

OBORNE, D.J. *Ergonomía en acción*. México D,F: Trillas, 1987.

PANERO, J Y ZELNIK, M. *Las dimensiones humanas en los espacios interiores*. Barcelona: Gustavo-Gili, 1983.

PEREDA, S. *Ergonomía. Diseño del entorno laboral*. Endema, Madrid, 1993.

RAMIREZ, C. *Ergonomía y productividad*. Mexico: Noriega Limusa, 1991.

RENAULT. *Manual de Ergonomía -Concepción y Recepción de Puestos de Trabajo*. Valladolid: RENAULT, 1985.

SCHNEIDER, B. *La aportación de la Ergonomía a la configuración humana del trabajo*. Simposio-Seminario de la APA 'La Ergonomía en Europa". Madrid, 1988.

URIARTE, P. *Condiciones de trabajo y desarrollo humano en la empresa*. Ibérico-Europea, Madrid, 1975.

VARIOS, *Temas de Ergonomía*. Madrid: MAPFRE, 1987.

VIÑA, S. Y GREGORI, E. *Ergonomía*. La Habana: C y E, 1987

WARR, P. *Ergonomía aplicada*. Trillas. México D.F., 1993

WISNER, A. *Ergonomía y Condiciones de Trabajo*. Buenos Aires: Humanitas, 1988.

ZINCHENKO, V. MUNIPOV, V. *Fundamentos de Ergonomía*. Moscú: Editorial Progreso, 1985.

Características físicas, psicológicas y sociológicas de los trabajadores

ASTRAND,P.-O. & Rodahl, K. *Textbook of Work Physiology*. New York. Mac Graw Hill. 1986

CHAFFIN, D.B. *Ergonomics Guide for the Assessment of Human Static Strength*. American Industrial Hygiene Association Journal, 1975, 36 (7), 505-511.

DIFFRIENT, N., TILLEY A.R., and HARMAN, D. *Humanscale*. Cambridge: Massachusetts Institute of Technology Press, 1981.

GUYTON, A. *Tratado de fisiología médica*. Ediciones R. La Habana. 1971.

HUNT, V.R. *Work and the Health of Women*. Boca Raton, FL: CRC Press, Inc., 1979.

KLETZ, A. *An engineer´s view of human error*. The Institut of Chemical Engineers . Warwickshire. 1987.

LAUBACH, L.L. *Comparative Muscular Strength of Men and Women: A Review of the Literature*. Aviation, Space, and Environmental Medicine, 1976, 47 (5), 534-542.

National Aeronautics and Space Administration. *Anthropometric Source Book*. Volume I, II & III. NASA Reference Publication 1024, Washington, DC, 1978.

RODAHL, K. *The Physiology of Work*. Taylor & Francis. London. 1989.

ROEBUCK, J.S., KROEMER, K.H.E. and THOMSON, W.G. *Engineering Anthropometry Methods*. New York: John Wiley and Sons, 1975.

SLEIGHT, R.B., and COOK, K.G. *Problems in Occupational Safety and Health: A Critical Review of Select Worker Physical and Psychological Factors*. HEW Publication No. (NIOSH) 75-124, U.S. Government Printing Office, Washington, DC, 1974.

SCHERRER,J. *Précis de Physiology du Travail*. Masson. Paris. 1981.

WELFORD, A.T. *Thirty Years of Psychological Research on Age and Work*. Journal of Occupational Psychology, 1976, 49, 129-138.

Diseño de puestos de trabajo

AIHA Technical Committee on Ergonomics. *Ergonomics Guide to Assessment of Metabolic and Cardiac Costs of Physical Work*. American Industrial Hygiene Association Journal, 1971, 32 (8), 560-564.

AYOUB, M.M. *Work Place Design and Posture*. Human Factors, 1973, 15(3), 265-268.

CAPLAN, R.D., et al. *Job Demands and Worker Health*. HEW Publication No. (NIOSH) 75-160, U.S. Government Printing Office, Washington, DC, 1975.

COHEN, H.H. and COMPTON, D.M.J. *Fall Accident Pattens*. Professional Safety, June 1982.

CHAFFIN, D.B. *Localized Muscle Fatigue - Definition and Measurement*. Journal of Occupational Medicine. 1973, 15(4),346-354.

HELANDER, M. *Human Factors/Ergonomics for Building and Construction*. New York: Wiley-Interscience, 1981.

INVERGARD, T. *Handbook of Control room design and Ergonomics*. Taylor & Francis. London.1989.

IRVINE, C.H. *Evaluation of Some Factors Affecting Measurements of Slip Resistance of Shoe Sole Materials on Floor Surfaces*. Journal of Testing and Evaluation, 1976, 4(2), 133-138.

KVALSETH, T.O. *Ergonomics of workstation design*. Butterwoths. 1983.

KONZ, S. *Work Design*. Columbus, Ohio: Grid Publishing Company, 1979.

KROEMER, K.H.E. *Seating in Plant and Office*. American Industrial Hygiene Association Journal, 1971, 32(10), 633-652.

KVALSETH, T.O. *Ergonomics of Workstation Design*. Boston: Butterworth and Co., 1983.

MEGAW, E.D. *Factors Affecting Visual Inspection Accuracy*. Applied Ergonomics, 1979, 10 (1), 27-32.

National Electrical Contractors Association. Overtime and Productivity in Electrical Construction. 7315 Wisconsin Ave., Washington, DC, 1969.

SALVENDY, G., and SMITH, M.J. *Machine Pacing and Occupational Stress*. London: Taylor and Francis, Ltd., 1981.

SEAIN, A.D. *Design Techniques for Improving Human Performance in Production.* (Revised). 712 Sundown Place, S.E., Albuquerque, NM 87108, 1980.

SEAIN, A.D. *The Human Element in Systems Safety: A Guide for Modern Management.* (Revised). 712 Sundown Place, S.E., Albuquerque, NM 87108, 1980.

SMITH, M.J., Colligan, M.J. and Tasto, D.L. Health and Safety Consequences of Shift Work in the Food Processing Industry. Ergonomics, 1982, 25(2), 133-144.

SNOOK, S.H. *The Design of Manual Handling Tasks.* Ergonomics, 1978, 21(12), 963-985.

SPERANDIO, C. *L'Ergonomie du travail mental.* Paris: Masso, 1981

TILLEY, A.J., WILDINSON, R.T., WARREN, P.S.G., WATSON, B. and DRUD, M. *The Sleep and Performance of Shift Workers.* Human Factors, 1982, 24(6), 629-641.

U.S. Department of Health and Human Services. *Work Practices Guide for Manual Lifting.* DHHS (NIOSH) Publication No. 81-122, National Institute for Occupational Safety and Health, Cincinnati, OH 45226, March 1981.

Diseño de equipos

ALDEN, D.G., DANIELS, R.W., and KANARICK, A.F. *Keyboard Design and Operation*: A Review of the Major Issues. Human Factors, 1972, 14(4), 275-293.

ARMSTRONG, T.J. *An Ergonomics Guide to Carpal Tunnel Syndrome*. American Industrial Hygiene Association Ergonomics Guides, 475 Wolf Ledges Parkway, Akron, OH 44311, 1983.

ATLAS COPCO. *Ergonomic tools in our time*. Tryck. Stockholm, 1988

BRÜEL & KJAER. *Human Vibration*. Denmark. 1989

DAMON, A., STOUDT, H.W., and MCFARLAND, R.A. *The Human Body in Equipment Design*. Cambridge, MA: Harvard University Press, 1966.

FRASER, T.M. *Ergonomic Principles in the Design of Hand Tools*. Occupational Safety and Health Series No. 44, International Labour Office, Geneva, 1980.

GREENBURG, L. and CHAFFIN, D. *Workers and Their Tools*. Midland, MI: Pendell Publishing Co., 1976.

KROEMER, K.H.E. *Foot Operation of Controls*. Ergonomics, 1971, 14(3),333-361.

KROEMER, K.H.E. *Ergonomics of VDT Workplaces*. American Industrial Hygiene Association Ergonomics Guides, 475 Wolf Ledges Parkway, Akron, OH 44311, 1983.

NATIONAL RESEARCH COUNCIL COMMITTEE ON VISION. *Video Displays, Work, and Vision*. Washington, DC: National Academy Press, 1983.

TICHAUER, E.R., and GAGE, H. *Ergonomic Principles Basic To Hand Tool Design*. American Industrial Hygiene Association Journal, 1977, 38(11), 622-634.

VAN COTT, H.P. and KINKADE, R.G. (Eds.). *Human Engineering Guide to Equipment Design* (Revised Edition). Washington, DC: U.S. Government Printing Office, 1972.

Diseño del ambiente de trabajo

AMERICAN INDUSTRIAL HYGIENE ASSOCIATION. *Heating and Cooling for Man in Industry.* (2nd Edition). 475 Wolf Ledges Parkway, Akron, OH 44311, 1975.

Industrial Noise Manual. (3rd Edition). 475 Wolf Ledges Parkway, Akron, OH 44311, 1975.

ANSI Standard S3.18-1979. *American National Standard: Guide for the Evaluation of Human Exposure to Whole-Body Vibration.* Acoustical Society of America, 335 East 45th Street, New York, NY, 1979.

RP-7-1979. *American National Standard Practice for Industrial Lighting.* Illuminting Engineering Society, 345 East 47th Street, New York, NY 10017, 1979.

BOYCE, P.R. *Human Factors in Lighting.* New York: MacMillan Publishing Company, 1981.

BRÜEL & KJAER. *Thermal confort.* Technical Revieu n°2. Denmark. 1982.

Local thermal disconfort. Technical Revieu n°1. Denmark. 1985.

Heat stress. Technical Revieu n°2. Denmark. 1985.

FANGER, P.O. *Thermal confort.* McGraw-Hill. New York. 1972.

Calculation of Thermal Confort. Introduction of a Basic Confort Ecuation. en AAE, Transaction, Vol II, N° 73. 1973.

PARSONS, K.C. *Human Thermal Environments.* Taylor & Francis. London. 1993

www.ingramcontent.com/pod-product-compliance
Lightning Source LLC
Chambersburg PA
CBHW081504200326
41518CB00015B/2370